U0316038

普通高等教育"十二五"规划教材

冶金气体力学基础及应用

主　编　谢安国
副主编　刘　坤　赵　巍　韩仁志
　　　　郑红霞　刘颖杰　李丽丽

北　京
冶金工业出版社
2014

内 容 提 要

本书详细论述了热工气体力学相关理论，并在此基础上加入了相关理论在冶金热能工程领域的实际应用。内容突出了理论性和实践性，将热流体力学的理论和冶金热能工程专业应用相结合，具有很强的理论意义和实际价值。

本书可作为高等院校热能与动力工程专业高年级的教科书及从事冶金热能工程专业技术人员的参考书。

图书在版编目（CIP）数据

冶金气体力学基础及应用/谢安国主编 . —北京：冶金工业出版社，2014.8
普通高等教育"十二五"规划教材
ISBN 978-7-5024-6625-1

Ⅰ.①冶… Ⅱ.①谢… Ⅲ.①冶金—热力学—高等学校—教材 Ⅳ.①TF01

中国版本图书馆 CIP 数据核字（2014）第 167640 号

出 版 人 谭学余
地　　址　北京市东城区嵩祝院北巷 39 号　邮编　100009　电话　（010）64027926
网　　址　www.cnmip.com.cn　电子信箱　yjcbs@cnmip.com.cn
责任编辑　谢冠伦　李维科　美术编辑　吕欣童　版式设计　孙跃红
责任校对　郑　娟　责任印制　牛晓波
ISBN 978-7-5024-6625-1
冶金工业出版社出版发行；各地新华书店经销；北京慧美印刷有限公司印刷
2014 年 8 月第 1 版，2014 年 8 月第 1 次印刷
169mm×239mm；10.25 印张；196 千字；151 页
24.00 元
冶金工业出版社　投稿电话　（010）64027932　投稿信箱　tougao@cnmip.com.cn
冶金工业出版社营销中心　电话　（010）64044283　传真　（010）64027893
冶金书店　地址　北京市东四西大街 46 号（100010）　电话　（010）65289081（兼传真）
冶金工业出版社天猫旗舰店　yjgy.tmall.com

（本书如有印装质量问题，本社营销中心负责退换）

前　　言

　　流体力学是高等学校很多理工科学生重要的技术基础课程。本门课程涉及机械、冶金、动力、化工、航天航空、建筑等很多专业的基础和应用。流体力学的理论和方法在很多科学和技术领域广泛应用，流体力学的学习已经成为很多专业和技术领域不可或缺的重要组成部分。但是，一般的流体力学和工程流体力学的内容涉及的是流体的性质、流体静力学、流体运动学、流体动力学的一般理论及其技术方法及工程技术应用。这些理论及方法更加普遍、更加宽泛、更加具有一般性，而针对某些具体的领域和方向，上述理论和方法却缺乏针对性和具体性。因此，流体力学一般理论和方法在某一具体领域和方向的应用还需要开发、演绎和创造其技术途径。本书内容是根据冶金炉窑的流体流动规律及理论方法应用撰写的具体方法及技术应用。

　　冶金行业的热能与动力工程一般应用热流体比较多，热流体在流体力学中具有特定的流动性质和力学规律。因此，在掌握了流体力学的基本理论和技术方法后，需要深入研究和开发这个方向和领域的具体理论演化、技术应用和方法创造。本书就是根据专业和行业方向的需要编辑和撰写的。书中内容包括热气体的物性及其应用、热气体压力和流动规律、气体射流规律、气体喷出的量化分析、高速流出气体的流动规律、喷射及喷射器原理及优化、烟囱排烟原理及设计计算、气体流过散料层的原理和流动规律。这些内容是气体力学的原理和方法在冶金炉窑方面的具体应用。这些内容的编写不仅为学生的专业应用和技术人员工程实践提供了技术方法和实例，也提炼了冶金炉窑方面的专业理论和技术方法，丰富了流体力学的内容。

　　本书在编写过程中，得到了热能工程研究生杨忠国、杜伟、宋闲慧、王志涛、韩治成、单琪、宋佳媛、于建国等帮助，他们为本书的完成做出了贡献，在此表示感谢。

　　编者水平所限，书中不足之处，敬请同行专家和广大读者批评指正。

编　者

2014 年 3 月

主要符号说明

符号	物理意义	符号	物理意义
p	压力	S	射流长度
v	比容	s	混合长度
R	气体常数	φ	变形率
T	开氏温度	b	扁平宽度
t	摄氏温度	d	直径
V	体积	θ	射流张角
Q	体积流量	w'	脉动速度
u	速度	η	效率
F	面积	τ	时间
ρ	密度	k	阻力系数
m	质量（质量流量）	ξ	局部阻力系数
μ	动力黏度系数	H	扬程
ν	运动黏度系数	ω'	角速度
q	热力密度	M	马赫数
λ	导热系数	k	绝热系数
c_v	定容比热	α	声速
i	气体分子的平均自由程	β	波角
g	重力加速度	δ	转角
w	速度	ε	孔隙度
h	压头损失	Re	雷诺数
R	半径	G	料粒重量
		Ar	阿基米德数

目　　录

绪　　论

流体力学是研究流体运动规律及其力学规律的一门科学。

流体力学按研究内容可以分为流体力学和工程流体力学。流体力学研究流体的受力平衡和运动规律，工程流体力学研究流体平衡理论和运动规律的工程技术应用。流体力学按照研究方法还可分为理论流体力学和计算流体力学。随着计算机科学与技术的发展，计算流体力学得到迅速发展和广泛应用。流体力学还可按照流体流动的性质和形态进行某些方面的专项研究，例如黏性流体力学、湍流等。

流体力学按照研究的流体介质可以分为水力学和气体力学。由于研究的对象不同，研究的方法和范围也有所区别。水力学主要研究液体和具有一定限制条件、在某种状态下的气体作为不可压缩流体的平衡、运动和液体与固体相互作用的受力规律；气体力学主要研究气体的平衡、运动和气体与固体相互作用的受力规律。气体力学比气体动力学研究的范畴大，气体动力学只研究可压缩气体的运动规律和受力状况。

气体是一种流体，虽然与液体一样具有连续性、易流动性和黏性，但与液体相比具有特殊的性能：

（1）气体的体积随着压力变化有很大的变化。液体的体积受压力变化的影响很小，因此，液体可被看作不可压缩性流体。

（2）气体的体积受温度的影响很大，随着温度的增高气体密度会减小，因此，在压力不变的条件下气体体积要增大。液体的体积受温度的影响很小。

（3）由于分子间的引力很小，气体在容器中不会像液体那样形成自由表面，而会充满容器的空间。

（4）气体的黏度随温度的升高而增大。在一般情况下，这与液体的黏度随温度升高而减小的规律正好相反。

由此可见，由于气体的特性所致，它的运动学和动力学规律与液体相比，具有一定的特殊性。

气体力学是研究气体平衡和气体运动规律的一门科学。本书将从工程实际出发，重点介绍热工气体力学的理论及应用，强调工程性和实用性，作为工程流体力学的补充。书中涉及的内容主要用于工业热工、热能及动力工程、冶金工程等领域的实际应用。

1 气体的特性和基本方程

气体和液体统称为流体。但是，与液体相比，气体具有特殊的性质。气体的性质使气体在流动过程中有着特殊的规律。

1.1 气体的特性

气体的特性主要体现在如下几个方面：（1）气体的体积易在受到外力作用时或其温度变化时发生变化；（2）气体的密度易受到外界影响而变化；（3）气体的黏度受温度和压力的影响变化很大。

1.1.1 气体的体积变化

气体的体积随温度和压力变化而变化很大。

1.1.1.1 温度对气体体积的影响

根据气体状态方程（Boyle's Law），对于完全气体，在压力不变的情况下，气体的体积与绝对温度成正比。如果某种气体在两种状态，即状态 1 和状态 2 时（同种气体的气体常数 R 不发生变化），有

$$p_1 v_1 = RT_1 \qquad (1-1\text{a})$$
$$p_2 v_2 = RT_2 \qquad (1-1\text{b})$$

如果 $p_1 = p_2$ 时，合并式（1-1a）和式（1-1b）得

$$\frac{v_1}{v_2} = \frac{T_1}{T_2} = \frac{t_1 + 273}{t_2 + 273} \qquad (1-2)$$

故在压力变化很小的情况下，气体的比容与绝对温度成正比，即

$$v_2 = v_1 (T_2 / T_1)$$

假定 2 状态为标准状态（$v_2 = v_0$，$T_2 = T_0$，$p_2 = p_0$），1 状态为任意状态，式（1-2）可写成

$$v_t = v_0 (1 + \beta_t t) \qquad (1-3)$$

式中，β_t 为体积膨胀系数，见式（1-5）；v_t 为任意温度 t 下的气体比容，m^3/kg；v_0 为标准状态（温度为 0℃，压力为 101.325kPa）下的气体比容，m^3/kg。

也可以写成气体体积的关系

$$V_t = V_0 (1 + \beta_t t) \qquad (1-4)$$

当温度变化时，气体的体积变化用体积膨胀系数 β_t 表示。体积膨胀系数 β_t 的定义为

$$\beta_t = \frac{1}{V_0}\frac{\Delta V}{\Delta T} = \frac{1}{V_0}\frac{V_t - V_0}{T_t - T_0} \tag{1-5}$$

将式（1-2）的关系带入式（1-5），经推导整理，气体由标态变化时，体积膨胀系数 $\beta_t(1/℃)$ 为

$$\beta_t = \frac{1}{T_0} = \frac{1}{273} \tag{1-6}$$

由此可见，温度对气体体积的影响呈线性关系。气体温度每增高 273℃，气体体积增大 V_0 倍。

气体在 0℃时的体积称为标准体积，用 V_0 表示。工程上，冷态气体温度一般为常温，定义为 20℃，在此常温下的气体被近似认为是标准体积，在工程领域气体的标准体积常用单位为标准立方米，记为 Nm^3，本书中用（标态）表示。

同理，根据气体状态方程，在压力不变的条件下，体积流量 Q_t 与温度 t 的关系可写成

$$Q_t = Q_0(1 + \beta_t t) \tag{1-7}$$

式中，Q_0 为 0℃下的体积流量（标态），m^3/s。

由流量和速度的关系

$$u = Q/F \tag{1-8}$$

在流通面积 F 不随温度变化的条件下，可得

$$u_t = u_0(1 + \beta_t t) \tag{1-9}$$

式中，u_0 为标准状态下的气体流速，m/s。

例1-1 有一加热炉空气换热器，在 0℃时其流量（标态）为 6100m^3/h，空气经换热器被加热。如果换热器空气入口和出口的管路直径均为 0.6m，空气入口温度为 25℃，出口温度为 400℃。求空气换热器管路的入口处和出口处的工程流量和流速。

解：已知 Q_0（标态）$= 6100m^3/h = 1.0694m^3/s$，$t_1 = 25℃$，$d = 0.6m$。空气通过的管路截面积为 $A = \pi d^2/4 = 0.282m^2$。入口处的流速 u_1 和流量 Q_1 分别为

$$u_1 = u_0(1 + \beta_t t_1) = (6100/3600)/0.282 \times (1 + 25/273) = 6.559(m/s)$$

$$Q_1 = Q_0(1 + \beta_t t_1) = (6100/3600) \times (1 + 25/273) = 1.850(m^3/s)(6659m^3/h)$$

出口处的流速 u_2 和流量 V_2 分别为

$$u_2 = u_0(1 + \beta_t t_1) = (6100/3600)/0.282 \times (1 + 400/273) = 14.812(m/s)$$

$$Q_2 = Q_0(1 + \beta_t t_1) = (6100/3600) \times (1 + 400/273) = 4.177(m^3/s)(15037m^3/h)$$

可见，虽然管径没变化，由于温度不同，出口的流速和流量是入口的 2.26

倍。但是需要注意的是上述问题是在压力不变的条件下完成的。如果压力变化了，流量和流速变化要考虑压力变化的影响因素。

1.1.1.2　压力对气体体积的影响

同样用气体状态方程（Boyle's Law），对于理想气体，从 1 状态到 2 状态，有

$$V_2 = V_1 \frac{T_2}{T_1} \frac{p_1}{p_2} \tag{1-10}$$

从式（1-10）中可见，在温度为定值的情况下，压力增大可使气体体积减小，设原来气体为标态下的气体（即 1 态设为 0 态），压力变化后的状态为任意状态（2 状态为任意状态），则式（1-10）为

$$V = V_0 \frac{T}{T_0} \cdot \frac{p_0}{p}$$

或

$$V = V_0 (1 + \beta_t t) \frac{p_0}{p} \tag{1-10a}$$

因此，在考虑压力变化时，流体的体积流量和流速可写成

$$Q = Q_0 (1 + \beta_t t) \frac{p_0}{p} \tag{1-11}$$

在实际应用中，气体的压力变化很小，可认为 $p \approx p_0$，在此条件下，可见上述参数只与温度相关。

压缩系数是表示气体压缩性的重要参数。它是指在恒温时单位压力下体积的变化量（标态），单位为 m^2/N。一般情况下，气体的压缩系数很大。压缩系数用 β_p 表示为

$$\beta_p = -\frac{1}{V} \frac{\Delta V}{\Delta p} \tag{1-12}$$

式中，负号表示压力增大时使气体的体积量减小。

根据压缩系数的定义，可得到压力对体积的影响为

$$V_p = V_y [1 - \beta_p (p - p_y)] \tag{1-13}$$

式中，V_p 为压力变化后的体积，m^3；V_y 为原始体积，m^3；p 为变化后的压力，Pa；p_y 为原始压力，Pa。

在等温状态下将完全气体的状态方程带入式（1-12），不难推出

$$\beta_p = \frac{1}{p} \tag{1-14}$$

可见，在等温状态下，气体的压缩系数等于压力的倒数。在等温状态下的体积为

$$V_p = V_y \frac{p_y}{p} \tag{1-15}$$

1.1.2 气体的密度变化

1.1.2.1 温度对气体密度的影响

用上述同样的方法，在等压状态下，气体的密度随温度的变化为

$$\rho_t = \frac{\rho_0}{1 + \beta_t t} \tag{1-16}$$

式中，ρ_t 为任意温度 t 下的气体密度，kg/m^3；ρ_0 为标准状态下的气体密度，kg/m^3。

标准状态下的常用气体密度见表 1-1。

表 1-1　标准状态下的常用气体密度　（kg/m^3）

气体	空气	Cl_2	N_2	H_2	CH_4	CO	CO_2	SO_2	H_2S	水蒸气
密度	1.293	1.429	1.250	0.090	0.716	1.250	1.963	2.858	1.521	0.804

1.1.2.2 压力对气体密度的影响

由式（1-13）和完全气体状态方程及 $\rho = m/V$ 的关系，压力对气体密度的影响可写成

$$\rho_p = \frac{\rho_y}{1 - \beta_p (p - p_y)} \tag{1-17}$$

当原始状态为标准状态，压力变化影响为

$$\rho_p = \frac{\rho_0}{1 - \beta_p \Delta p} \tag{1-18}$$

式中，Δp 为气体压力变化后的表压力，Pa。

当气体处于等温状态下，气体的密度为

$$\rho_p = \rho_y \frac{p}{p_y} \tag{1-19}$$

1.1.3 气体的黏度变化

气体内部质点或流层间因相对运动而产生内摩擦力，并伴随连续不断的剪切变形以抵抗流体相对运动的性质称为黏性。黏性是气体本身固有的一种重要物理属性，它对流体的运动影响很大。气体黏性是气体分子热运动的结果，因此气体的黏度受温度的影响很大。

气体的黏度系数有动力黏度系数 μ 和运动黏度系数 υ 两种。黏度系数之间的关系为

$$\mu = \rho \upsilon$$

式中，ρ 为气体在某温度下的密度，kg/m^3。空气的黏度系数见表 1-2。

表 1-2 空气的黏度系数

$t/℃$	$\mu/\text{Pa} \cdot \text{s}$	$v/\text{m}^3 \cdot \text{s}^{-1}$	$t/℃$	$\mu/\text{Pa} \cdot \text{s}$	$v/\text{m}^3 \cdot \text{s}^{-1}$
0	0.0172×10^{-3}	13.7×10^{-6}	90	0.0216×10^{-3}	22.9×10^{-6}
10	0.0178×10^{-3}	14.7×10^{-6}	100	0.0218×10^{-3}	23.6×10^{-6}
20	0.0183×10^{-3}	15.7×10^{-6}	120	0.0228×10^{-3}	26.2×10^{-6}
30	0.0187×10^{-3}	16.6×10^{-6}	140	0.0236×10^{-3}	28.8×10^{-6}
40	0.0192×10^{-3}	17.6×10^{-6}	160	0.0242×10^{-3}	30.6×10^{-6}
50	0.0196×10^{-3}	18.6×10^{-6}	180	0.0251×10^{-3}	33.2×10^{-6}
60	0.0201×10^{-3}	19.6×10^{-6}	200	0.0259×10^{-3}	35.8×10^{-6}
70	0.0204×10^{-3}	20.5×10^{-6}	250	0.0280×10^{-3}	42.8×10^{-6}
80	0.0210×10^{-3}	21.7×10^{-6}	300	0.0298×10^{-3}	49.9×10^{-6}

一般认为气体的动力黏度系数可用萨瑟兰（Sutherland）公式计算

$$\mu_t = \mu_0 \left(\frac{T_0 + C}{T + C} \right) \left(\frac{T}{T_0} \right)^{3/2} \tag{1-20}$$

式中，μ_0 为 0℃时气体黏度，$\text{Pa} \cdot \text{s}$；T 为气体的绝对温度，$T = t + \beta_t^{-1}$，K；C 为常数，取决于气体的性质，其值见表 1-3。

表 1-3 各种常见气体的 μ_0 和 C 值

气体种类	$\mu_0/\text{Pa} \cdot \text{s}$	C/K	n	气体种类	$\mu_0/\text{Pa} \cdot \text{s}$	C/K	n
空气	1.72×10^{-5}	110.6	0.666	一氧化碳	1.64×10^{-5}	136.1	0.71
氧气	1.92×10^{-5}	138.9	0.69	二氧化碳	1.37×10^{-5}	222.2	0.79
氮气	1.67×10^{-5}	106.7	0.67	水蒸气	0.85×10^{-5}	675	—
氢气	0.84×10^{-5}	96.7	0.68	燃烧产物	约 1.20×10^{-5}	约 170	—

气体的动力黏度系数也可以用近似的幂次律进行估算

$$\mu_t \approx \mu_0 \left(\frac{T}{T_0} \right)^n \tag{1-20a}$$

几种气体的 n 值见表 1-3。

例 1-2 求 300℃空气的动力黏度系数。已知标准状态下的参数为 $\mu_0 = 1.72 \times 10^{-5} \text{Pa} \cdot \text{s}$，$T_0 = 273.15℃$，$C = 110.6℃$。此时

$$\mu_t = 1.72 \times 10^{-5} \times \frac{273.15 + 110.6}{300 + 273.15 + 110.6} \times \left(\frac{300 + 273.15}{273.15} \right)^{3/2}$$

$$= 2.934 \times 10^{-5} (\text{Pa} \cdot \text{s})$$

空气的黏度随温度的变化关系如图 1-1 所示。

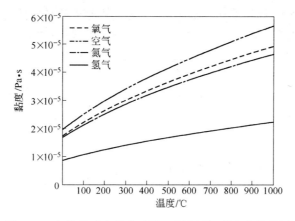

图 1-1 气体的动力黏度系数 μ_t 随温度 t 的变化趋势图

1.1.4 气体的导热系数变化

气体不论是静止的还是运动的，只要其中的温度场不均匀，热量就会由高温处向低温处传递。在温度不均匀的连续介质中，仅仅由于其各部分直接接触而没有宏观的相对运动所发生的热量传递称为热传导，气体的这种性质称为导热性。

大多数气体的导热性是各向同性的。气体的热传导规律遵从傅里叶定律（Fourier's Law），即

$$q = -\lambda \frac{dT}{dn} \tag{1-21}$$

式中，q 为热流密度，W/m^2；λ 为导热系数，$W/(m \cdot K)$；dT/dn 为法向温度梯度，K/m。

式（1-21）说明，气体中热传导引起的热流密度与温度梯度成正比，而传导方向与温度梯度相反。式中的负号正好表示了热量传递的方向指向温度降低的方向。

导热系数是傅里叶定律表示式中的比例系数。从分子运动论的观点来看，气体导热的物理本质是由于分子转移和分子间的相互碰撞而产生的能量转移。气体温度的高低体现着分子平均运动动能的大小，分子平均动能高，显示出高温；分子平均动能低，则显示出低温。这种具有不同动能的分子间的互相碰撞会产生能量交换，使能量从高能部分转移到低能部分。这就是气体的导热过程。温度越高，分子运动越剧烈，能量转移过程也就完成得越快。因此，气体的导热系数是随温度的升高而增加的。由理想气体分子运动论可知，导热系数为

$$\lambda = \frac{1}{3} \bar{v} \bar{l} \rho c_V \tag{1-22}$$

式中，$\bar{v}$ 为气体分子运动的均方根速度；$\bar{l}$ 为气体分子的平均自由程；ρ 为气体密度；c_v 为气体的定容比热。式（1-22）是常压下导热系数的表达式，此时 λ 与压强无关。但在较高压强下由于不能再忽略分子间的相互作用力，它随压强增加而增大。

在工程应用中，为了工程参数的初步估算，需要知道某些气体的导热系数，为此，引进下列的估算方法。对于密度较小的单组分完全气体，可用式（1-23）估算导热系数

$$\lambda \approx \lambda_0 \left(\frac{T}{273.15} \right)^n \tag{1-23}$$

式中，λ_0 为在 101.325kPa、273.15K 情况下的导热系数；n 为取决于气体种类的常数；T 为被估算气体的绝对温度。

表 1-4 列出了某些气体的 λ_0 和 n 值。

表 1-4　某些气体的 λ_0 和 n 值

气 体	$\lambda_0/\mathrm{W} \cdot (\mathrm{m} \cdot \mathrm{K})^{-1}$	n	C/K	适用温度范围/K
空气	0.024	0.81	194.4	273.15 ~ 1273.15
氮	0.024	0.76	166.7	273.15 ~ 1273.15
氧	0.024	0.86	222.2	273.15 ~ 1273.15
氢	0.174	0.85	166.7	180 ~ 700
氩	0.0163	0.73	150	150 ~ 1500
氦	0.143	0.73	—	273.15 ~ 773.15
一氧化碳	0.022	0.85	177.8	128 ~ 600
二氧化碳	0.014	1.38	222.2	180 ~ 600
甲烷	0.030	1.33	—	273.15 ~ 873.15
乙烷	0.019	1.67	—	273.15 ~ 873.15

导热系数也可以用萨瑟兰公式估算，即

$$\lambda = \lambda_0 \left(\frac{T}{T_0} \right)^{1.5} \frac{T_0 + C}{T + C} \tag{1-24}$$

式中，C 值与式（1-20）相同。

1.2　双流体的 Euler 静力学方程

对于静止的流体，具有一定的特性和受力平衡规律。气体在静止中，也有其特殊性。我们知道，静止流体受到表面力和质量力的作用。流体静压力有两个重要的特性。第一个特性是流体静压力的方向总是和作用的面相垂直，且指向该作

用面，即沿着作用面的内法线方向；第二个特性是在流体内部任意点处的流体静压力在各个方向都是相等的。对于静止的气体也符合流体静力学 Euler 方程。但是对于热流体存在于容器内时，容器内外的静压是有差别的，这时需要采用双流体的 Euler 方程。

1.2.1 空气的双流体 Euler 静力学方程

对于某种气体，它的微元体静压力分布为

$$\left. \begin{array}{l} X - \dfrac{1}{\rho}\dfrac{\partial p}{\partial x} = 0 \\[2mm] Y - \dfrac{1}{\rho}\dfrac{\partial p}{\partial y} = 0 \\[2mm] Z - \dfrac{1}{\rho}\dfrac{\partial p}{\partial z} = 0 \end{array} \right\} \qquad (1-25)$$

3 式分别乘以 $\mathrm{d}x$、$\mathrm{d}y$ 和 $\mathrm{d}z$ 后相加，并使 $X = Y = 0$ 及 $Z = -g$，可得

$$-g\mathrm{d}z - \frac{1}{\rho}\mathrm{d}p = 0$$

积分后有

$$gz + \frac{p}{\rho} = \text{const} \qquad (1-25\mathrm{a})$$

当 $z = 0$ 时 $p_0/\rho = \text{const}$，式（1-25a）可写成

$$p = p_0 - \rho_0 gz \qquad (1-26)$$

若在自然界，零压面的压力取 $p_0 = 1.013 \times 10^5 \mathrm{Pa}$，空气的密度（标态）$\rho_0 = 1.293 \mathrm{kg/m^3}$。此时，压力随高度的变化为 $p = 1.013 \times 10^5 - 1.293 \times 9.8z(\mathrm{Pa})$。变化规律如图 1-2 所示。

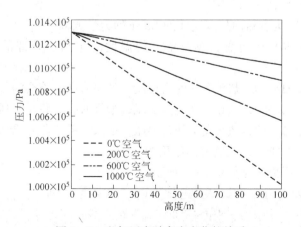

图 1-2 空气压力随高度变化的关系

如果有热气体与冷气体被屏蔽隔开，热气体的密度为 $\rho_t = \rho_0/(1+\beta t)$，其压力不变，即 $p_0 = p_a = 1.013 \times 10^5 \text{Pa}$。压力 p 随高度 z 的变化为

$$p_t = p_0 - \frac{\rho_0}{1+\beta t} gz \qquad (1-27)$$

若空气温度为 200℃，则变化规律如图 1-2 所示。

将式（1-27）与式（1-26）相减，则有

$$\Delta p = p_t - p$$

$$\Delta p = \rho_0 g \left(1 - \frac{1}{1+\beta t}\right) z \qquad (1-28)$$

式（1-28）为空气的双流体 Euler 静力学方程。

1.2.2 容器内外的双流体 Euler 静力学方程

设有一热设备内有热炉气，外有冷空气（20℃）。若热炉气的密度为 ρ_t，冷空气的密度为 ρ_a。设备内外的 Euler 静力学方程为

在热设备内： $\qquad\qquad p_t = p_{t0} - \rho_t gz$

在热设备外： $\qquad\qquad p_a = p_{a0} - \rho_a gz$

两式相减，并考虑 $p_{t0} = p_{a0}$，则有

$$p_t - p_a = (\rho_a - \rho_t) gz$$

或写成

$$\Delta p = p_t - p_a = \left(\frac{\rho_{a0}}{1+\beta t_a} - \frac{\rho_{t0}}{1+\beta t_g}\right) gz \qquad (1-29)$$

式中，Δp 为当地表压力，Pa；z 为距零压线的高度，m；ρ_{a0}，t_a 分别为 0℃空气的密度（标态）和冷空气温度，kg/m^3，℃；ρ_{t0}，t_g 分别为 0℃炉气的密度（标态）和热炉气温度，kg/m^3，℃。

式（1-29）为容器内外双流体的 Euler 静力学方程。

从式（1-29）中可见，热设备内的温度一定高于外部的空气温度，则 $(\rho_a - \rho_t)$ 为正值，因此：

当 $z > 0$ 时，$\Delta p > 0$，热设备 z 处为正压，如果有孔，将会溢气；

当 $z < 0$ 时，$\Delta p < 0$，热设备 z 处为负压，如果有孔，将会吸风；

当 $z = 0$ 时，$\Delta p = 0$，热设备 z 处为零压，如果有孔，将不会吸风和溢气，通常称为零压面，对于二维问题就是零压线。

不同炉温的压力变化如图 1-3 所示。

例 1-3　如果有一火焰炉，已知炉内平均温度为 900℃，外面大气温度为 20℃。炉气和空气在标态下密度分别为 $\rho_{t0} = 1.310 \text{kg/m}^3$ 和 $\rho_{a0} = 1.293 \text{kg/m}^3$，炉顶（距零压线上 2m）的压力和炉底（距零压线下 0.5m）的压力（见图 1-4）

分别为

$$\Delta p_{顶} = \left(\frac{1.293}{1+\dfrac{20}{273}} - \frac{1.310}{1+\dfrac{900}{273}} \right) \times 9.8 \times 2 = 17.64(\text{Pa})$$

$$\Delta p_{底} = \left(\frac{1.293}{1+\dfrac{20}{273}} - \frac{1.310}{1+\dfrac{900}{273}} \right) \times 9.8 \times (-0.5) = -4.41(\text{Pa})$$

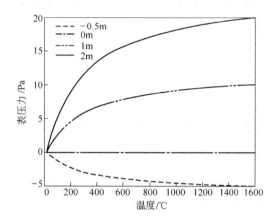

图 1-3 炉内不同高度表压力随炉温变化

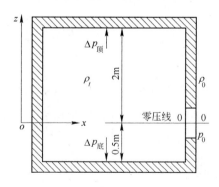

图 1-4 火焰炉内恒温时压力示意图

可见，恒炉温时炉顶是正压，炉底是负压。压力的大小取决于炉温的高低。炉温越高，炉底和炉顶表压力的绝对值越大。同时由图 1-3 可见，炉温较低时，改变炉温炉压变化较大；反之，炉温较高时，改变炉温炉压的变化较小。另外，在炉墙上的表压力，在温度一定的情况下，随着炉墙的增高其表压力增大，且温度越高表压力增大的幅度越大。因此，炉内的温度是影响炉内固体表面表压力变化的主要因素。

1.3 气体流动 Bernoulli 方程

1.3.1 理想流体微元流束上 Bernoulli 方程

对理想流体，沿程无阻力损失，不可压定常流微元流束的 Bernoulli 方程可写为

$$z\gamma + p + \frac{w^2}{2g}\gamma = \text{const} \qquad\qquad (1-30)$$

或

$$z_1\gamma + p_1 + \frac{w_1^2}{2g}\gamma = z_2\gamma + p_2 + \frac{w_2^2}{2g}\gamma \qquad\qquad (1-30a)$$

式中，z，p，γ，w 和 g 分别为理想流体流束上，任意截面上的高度（m）、压强（Pa）、重度（N/m³）、速度（m/s）和重力加速度（m/s²）；下标 1 和 2 分别表示流束上 1 截面和 2 截面。

方程（1-30）和方程（1-30a）是流体力学熟知的方程，在物理意义上表述了单位体积流体流动的机械能守恒关系。

1.3.2 管流总流 Bernoulli 方程

对理想流体不可压定常管流，总流的 Bernoulli 方程可写为

$$z_1\gamma + p_1 + \alpha_1\frac{\overline{w_1}^2}{2g}\gamma = z_2\gamma + p_2 + \alpha_2\frac{\overline{w_2}^2}{2g}\gamma \qquad\qquad (1-31)$$

对黏性流体，式（1-31）可写成

$$z_1\gamma + p_1 + \alpha_1\frac{\overline{w_1}^2}{2g}\gamma = z_2\gamma + p_2 + \alpha_2\frac{\overline{w_2}^2}{2g}\gamma + h_{1-2} \qquad\qquad (1-31a)$$

式中，h_{1-2} 为 1 面至 2 面的每单位体积气体压头损失量，J/m³。工程上对紊流流动，一般取 $w_1 \approx \overline{w_1}$，$w_2 \approx \overline{w_2}$，$\alpha_1 \approx \alpha_2 \approx 1$。

1.3.3 双气体的 Bernoulli 方程

设有定常黏性气体管流，管外为大气，管内为不可压缩性某种流动着的气体，重度为 γ，（管外大气重度为 γ_0），列管内任意两截面的 Bernoulli 方程

$$z_1\gamma + p_1 + \frac{w_1^2}{2g}\gamma = z_2\gamma + p_2 + \frac{w_2^2}{2g}\gamma + h_{1-2} \qquad\qquad (1-31b)$$

列管外相同任意两截面的 Bernoulli 方程

$$z_1\gamma_0 + p_{0_1} = z_2\gamma_0 + p_{0_2} \qquad\qquad (1-31c)$$

式（1-31a）和式（1-31b）相减，得

$$z_1(\gamma - \gamma_0) + (p_1 - p_{0_1}) + \frac{w_1^2}{2g}\gamma = z_2(\gamma - \gamma_0) + (p_2 - p_{0_2}) + \frac{w_2^2}{2g}\gamma + h_{1-2}$$

$$(1-32)$$

如果管内流体为水，则 $\gamma \gg \gamma_0$，$p_{0_1} = p_{0_2}$，式（1-32）即可化为（1-31b）式，当管内充为热气体的时候（一般 $\gamma < \gamma_0$），则有

$$z_1(\gamma - \gamma_0) + p_{g_1} + \frac{w_1^2}{2g}\gamma = z_2(\gamma - \gamma_0) + p_{g_2} + \frac{w_2^2}{2g}\gamma + h_{1-2} \qquad (1-33)$$

式（1-33）称为双气体 Bernoulli 方程，也称"压头方程式"。可写成

$$h_{位} + h_{静} + h_{动} + h_{失} = h_{总} = \text{const} \qquad (1-34)$$

在式（1-34）中：

（1）$h_{位} = z(\gamma - \gamma_0)$，其中：$h_{位}$ 为位头（或几何压头），表征热气体上升的趋势，J/m^3。

当 $z > 0$ 时，由于 $\gamma - \gamma_0 < 0$，则 $h_{位} < 0$（负值），表明 $h_{位}$ 随 z 的增大而减小；

当 $z = 0$ 时，$h_{位} = 0$，即此截面在零位线上；

当 $z < 0$ 时，$\gamma - \gamma_0 < 0$，则 $h_{位} > 0$（正值），表明 $|-z|$ 越大，$h_{位}$ 越大（负的越多，位头越大）。

这种情况与水流的概念不一样，水是 z 越大，位能越大，而热气体正相反，即为"水往低处流，气往高处走"。

（2）$h_{静} = p_g = p - p_0$，其中：$h_{静}$ 为静压头，表征系统内外压差，即为表压力（可直接测压计测得 J/m^3）。

当 $h_{静} < 0$，为负压，表明相对冷气体，热气体压力较小，表现为"吸风"；

当 $h_{静} > 0$，为正压，表明相对冷气体，热气体压力较大，表现为"冒风"；

当 $h_{静} = 0$，为零压，表明热气体和冷气体压力相等。此时处于零压面（线）上。

（3）$h_{动} = [W^2/(2g)]\gamma$，其中：$h_{动}$ 为单位体积气体具有的动能，也可以直接测得，也称为动头（J/m^3）。此时的物理意义与非双流体的 Bernoulli 方程意义相同。

（4）h_{1-2} 称为压头损失，即 1-2 面在沿程流动过程中能量的损失项，J/m^3。

（5）$h_{总}$ 称为总压头，或简称为总头，表征静压头、位压头、动压头和压头损失的总和，J/m^3。

例 1-4 如图 1-5 所示，有一开口倒置容器内充满热气体（重度为 γ_t），外部为冷气体（重度为 γ_0），试分析其 A、B、C、D 各点的压头。

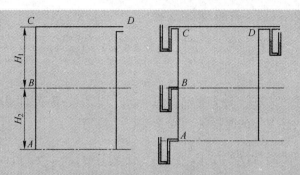

图1-5　倒置容器各点测压位置示意图

解：A 点：已知 $\Delta p = 0$，则 $h_{静} = 0$，由 $h_{动} = 0$（气体没有运动），则 $h_{失} = 0$；若以下部为零位线，可知

$$h_{位} = 0$$

$$h_{总} = 0$$

B 点：由 $h_{动} = 0$（气体没有运动），则 $h_{失} = 0$，并 $h_{总} = 0$；由式（1-33）和式（1-34），有

$$h_{位} = H_2(\gamma - \gamma_0)$$

$$h_{静} = h_{总} - (h_{动} + h_{失} + h_{位}) = H_2(\gamma_0 - \gamma)$$

C 点：同理由 $h_{动} = 0$，$h_{失} = 0$，并 $h_{总} = 0$；由式（1-33）和式（1-34），有

$$h_{位} = (H_1 + H_2)(\gamma - \gamma_0)$$

$$h_{静} = h_{总} - (h_{动} + h_{失} + h_{位}) = (H_1 + H_2)(\gamma_0 - \gamma)$$

D 点：与大气相通 $h_{静} = 0$，气体刚开始运动 $h_{失} = 0$，总压头 $h_{总} = 0$；位头与 C 点相同即：

$$h_{位} = (H_1 + H_2)(\gamma - \gamma_0)$$

$$h_{动} = h_{总} - (h_{静} + h_{失} + h_{位}) = (H_1 + H_2)(\gamma_0 - \gamma)$$

其计算结果见表1-5。

表1-5　各点的压头的计算结果

位置	位压头	静压头	动压头	压头损失	总压头
A	0	0	0	0	0
B	$H_2(\gamma - \gamma_0)$	$H_2(\gamma_0 - \gamma)$	0	0	0
C	$(H_1 + H_2)(\gamma - \gamma_0)$	$(H_1 + H_2)(\gamma_0 - \gamma)$	0	0	0
D	$(H_1 + H_2)(\gamma - \gamma_0)$	0	$(H_1 + H_2)(\gamma_0 - \gamma)$	0	0

以上我们分析了双流体 Bernoulli 方程式各项，这种分析无疑也要求符合单一流体 Bernoulli 方程的条件。

对能量损失项，即为压头损失，具体求解方法已在流体力学部分讲过，这里不作重复，工程上常用于管路气体流动的一般方法是

$$h_失 = h_f + h_j = \left(\lambda \frac{L}{d} + \Sigma \zeta \right) \frac{w^2}{2g} \gamma = \left[\left(\lambda \frac{L}{d} + \Sigma \zeta \right) \left(\frac{4}{\pi d^2} \right)^2 \frac{\gamma}{2g} \right] Q^2 \quad (1-35)$$

式中，$h_失$，h_f 和 h_j 分别为压头损失、沿程阻力损失和局部阻力损失；λ 为沿程阻力系数；L 为两截面长度，m；d 为管内径，m；ζ 为局部阻力系数；w 为速度，m/s；g 为重力加速度，m/s；γ 为流体重度，N/m^3；Q 为体积流量，m^3/s。

或写成

$$h_失 = kQ^2$$

式中，k 为与几何因素及气体密度有关的系数：

$$k = \left(\lambda \frac{L}{d} + \Sigma \zeta \right) \frac{8}{\pi^2 d^4} \rho$$

但有些情况下，由于管道有一定几何高度（位头），或管道入口处和出口后空气之间有一定的位压差 h_z，则在输送气体时，需要多耗一部分能量，则

$$h_失 = h_z + kQ^2$$

可见，压头损失与流量成平方关系。

思 考 题

1. 气体和液体相比有何特征？
2. 气体的体积、密度、流速等如何随温度和压力变化？
3. 气体的黏度与温度有何关系？试比较 100℃空气和氧气哪个黏度大？
4. 双气体 Euler 方程说明热气体的表压力与什么有关？
5. 双气体 Bernoulli 方程中，位压头、静压头、动压头、压头损失如何表达？
6. 压头方程中，各项之间有何关系？
7. 气体管路的压头损失与流量成何关系？

练 习 题

1. 某厂连续加热炉炉气温度为 250℃，标态下气体的重度 $\gamma_0 = 1.293 \times 9.8$N/m^3；炉外大气温度为 30℃，试求当距门槛 1.5m 高处炉腔压力为 9.8Pa 时，炉门槛处是冒火还是吸气？
2. 某均热炉烟囱高 50m，烟囱内的平均烟温为 450℃，大气温度为 30℃，试估算烟囱底部抽力约为多少？
3. 如题 2，若烟囱内的平均烟温下降至 250℃，其他条件不变，试估算烟囱底部抽力约为多少？

2 气 体 射 流

射流指流体由管嘴喷射到较大空间，并带动周围介质的流动，又称为流股。

根据射入空间流股的限制条件，气体射流又可分为自由射流和限制射流两种。自由射流是喷入到充满静止气体大空间的射流；限制射流是喷入到充满静止气体有限空间的射流。

射流是气体力学中的一部分内容，在热工热能方面有很广泛的应用，例如燃烧器（烧嘴）的工作过程等。

2.1 自由射流的基本规律

自由射流的形成有两个必要的条件：

（1）周围空间静止气体介质的物性同喷出介质的物性基本相同；

（2）在流路中不受任何其他物质的限制。

自由射流一般都是紊流射流。在射流过程中，有射流介质与静止介质的互相掺混，进行动量和质量交换，带动静止介质共同运动（质量不守恒）。

2.1.1 射流的物理解释

$$\text{喷出介质} \xrightarrow[\text{黏性}]{\text{脉动}} \text{碰撞静止介质} \xrightarrow[\text{质量交换}]{\text{动量交换}} \text{流股的截面扩大} \rightarrow \text{消失}$$

其实质上可看作是气体分子的自由碰撞，符合动量守恒定律。

$$mw = \text{const} \tag{2-1}$$

推导：能量守恒

$$\text{原动能} = \text{现动能} + \text{碰撞损失} + \text{吸入能}$$

$$m_0 \frac{w_0^2}{2} = (m_0 + m_0') \frac{w_1^2}{2} + m_0 \frac{(w_0 - w_1)^2}{2} + m_0' \frac{w_1^2}{2}$$

或

$$m_0 w_0 = (m_0 + m_0') w_1 = m_1 w_1 = \text{const}$$

式中，m_0，m_0'，m_1 分别为初始、被吸入、吸入后的质量流量，用流体力学的动量方程表示为

$$\int_A \rho w^2 \mathrm{d}A = \pi R_0^2 \rho w_0^2$$

由于动量守恒，则沿射流进程的压力将保持不变，这也是射流特点。

2.1.2 射流的基本模型

自由射流的基本模型如图 2 - 1 所示。

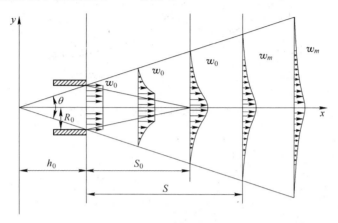

图 2 - 1 自由射流的基本模型

模型解释如下:

（1）转折截面。设射流出口速度为均匀的且速度为 w_0，射入空间后，边界速度开始降低（由于动量和质量交换），当初始速度 w_0 只有中心点 $w_0 = w_m$ 时，这时的截面称为转折截面。

（2）初始段和基本段（主段）。喷口至转折截面之间的区域称为初始段，其特点是 $w_0 = w_m$；转折截面以后的区域称为基本段（$w_m < w_0$）。

（3）射流核心区。具有速度 $w = w_0$ 的区域称为射流核心区，圆形管射流核心区是长度为 S_0、底半径为 R_0 的圆锥区。

（4）射流极点。射流外边界的交点称为射流极点，射流夹角为 θ。

（5）沿射流各参数变化。动量、压力不随射流方向 x 而变化；中心速度 w_m 在初始段不变，在基本段随 x 增加而减小；动能 $E_{动}$ 随 x 增加而减小；流量 Q 随 x 增加而增加（见图 2 - 2）。

2.1.3 射流的基本定律

2.1.3.1 截面上的速度分布

无论在初始段或是基本段，其截面上射流速度分布都有规律性，在基本段，不同截面的速度场分布相似。

理论和实验证明（见图 2 - 3）

$$\frac{w}{w_m} = \left[1 - \left(\frac{y}{y_b} \right)^{1.5} \right]^2 \tag{2 - 2}$$

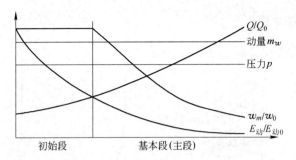

图 2 – 2　自由射流沿射流方向的变化

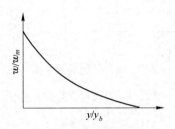

图 2 – 3　自由射流流股截面速度分布

2.1.3.2　截面上的平均流速

截面上平均流速定义式为

$$\overline{w} = \frac{1}{A}\int_A w \mathrm{d}A$$

式中，A 为截面积，m^2；w 为截面任意点速度，$\mathrm{m/s}$。
所以

$$\overline{w} = \frac{1}{\pi y_b^2}\int_0^{y_b} w_m \left[1 - \left(\frac{y}{y_b}\right)^{1.5}\right]^2 2\pi y \mathrm{d}y = \frac{9}{35}w_m = 0.257 w_m$$

可见，中心速度和平均速度相差很大，速度分布极不均，一般为

$$\frac{\overline{w}}{w_m} \approx 0.257 \quad \text{或} \quad \frac{\overline{w}}{w_m} \approx 0.2 \tag{2-3}$$

2.1.3.3　射流中心线上的速度

射流中心速度与射流长度有关（见图 2 – 4），一般为递减关系，由动量定理

$$\int_A \rho w^2 \mathrm{d}A = \pi R_0^2 \rho w_0^2$$

写成

$$\int_A \left(\frac{\rho w^2 \mathrm{d}A}{\pi R_0^2 \rho w_0^2}\right) = 1 \tag{2-4}$$

将式中 $dA = 2\pi y dy$ 从 0 至 $\dfrac{y_b}{R_0}$ 积分，则式 (2-4) 为

$$2 \int_0^{y_b/R_0} \left(\frac{w}{w_0}\right)^2 \frac{y}{R_0} d\left(\frac{y}{R_0}\right) = 1$$

代入 $\dfrac{w}{w_0} = \dfrac{w}{w_m} \dfrac{w_m}{w_0}$，$\dfrac{y}{R_0} = \dfrac{y}{y_b} \dfrac{y_b}{R_0}$，有

$$\left(\frac{w_m}{w_0}\right)^2 \left(\frac{y_b}{R_0}\right)^2 \cdot 2\int_0^1 \left(\frac{w}{w_m}\right)\left(\frac{y}{y_b}\right) d\left(\frac{y}{y_b}\right) = 1$$

已知 $\dfrac{w}{w_m} = \left[1 - \left(\dfrac{y}{y_b}\right)^{1.5}\right]^2$，则积分式为 0.0663，修正后为 0.0464，即

$$\left(\frac{w_m}{w_0}\right)^2 \left(\frac{y_b}{R_0}\right)^2 \times 2 \times 0.0464 = 1$$

$$\frac{y_b}{R_0} = 3.28 \frac{w_0}{w_m}$$

图 2-4 任意截面速度分布图

当在转折截面上时，即 $w_m = w_0$ 时，$y_b = 3.28R_0$。

由图 2-5 知

$$\tan \frac{\theta}{2} = \frac{y_b}{x}$$

对不同型的管射流由不同的角度引入形状系数 α 后，有

$$\frac{y_b}{\alpha x} = \text{const}$$

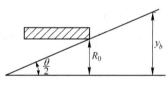

图 2-5 射流夹角与流股宽度关系

实验证明：$\text{const} = 3.4$，轴对称管 $\alpha = 0.07 \sim 0.08$

$$\frac{y_b}{x} = (0.07 \sim 0.08) \times 3.4 = (0.238 \sim 0.272)$$

$$\frac{y_b}{R_0} = \frac{3.42\alpha x}{R_0} = 3.28 \frac{w_0}{w_m}$$

$$\frac{w_m}{w_0} = \frac{0.966}{\dfrac{\alpha x}{R_0}} \tag{2-5}$$

在转折面上 $x = x_0$，$w_m = w_0$，则 $x_0 = \dfrac{0.966}{\alpha} R_0 \approx 12.9 R_0$。由三角形几何关系可得：

$$y_b'/x_0 = R_0/h_0$$

$$h_0 = R_0 \frac{x_0}{y_b'} = R_0 \frac{\dfrac{0.966}{\alpha}R_0}{3.28R_0} = 0.294\frac{R_0}{\alpha} \tag{2-6a}$$

核心长度为

$$S_0 = x_0 - h_0 = 0.966\frac{R_0}{\alpha} - 0.294\frac{R_0}{\alpha} = 0.672\frac{R_0}{\alpha} \tag{2-6b}$$

射流中心线速度为

$$\frac{w_m}{w_0} = \frac{0.966}{\alpha x/R_0} = \frac{0.966}{\dfrac{\alpha S}{R_0} + \dfrac{\alpha h_0}{R_0}} = \frac{0.966}{\dfrac{\alpha S}{R_0} + 0.294}$$

$$\frac{w_m}{w_0} = \frac{0.966}{\dfrac{\alpha s}{R_0} + 0.294} \tag{2-7}$$

2.1.3.4　射流截面和流量

由 $\tan\dfrac{\theta}{2} = \dfrac{y_b}{x} = 3.4\alpha$，当 $\alpha = 0.07 \sim 0.08$ 时，$\tan\dfrac{\theta}{2} = 0.238 \sim 0.272$，所以 $\theta = 26.8° \sim 30.4°$，则：

$$y_b = 3.4\alpha x = 3.4\alpha(S + h_0) = 3.4\alpha\left(S + 0.294\frac{R_0}{\alpha}\right)$$

故 $$y_b = 3.4\alpha S + R_0 \tag{2-8}$$

如图 2-6 所示。

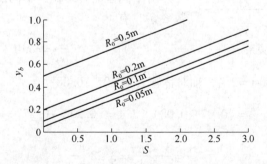

图 2-6　射流长度 S 与宽度的关系

射流截面上的流量

$$Q = \int_0^y b_w \cdot 2\pi y \mathrm{d}y = 2\pi R_0^2 w_0 \left(\frac{y_b}{R_0}\right)^2 \frac{w_m}{w_0} \int_0^1 \frac{w}{w_m} \frac{y}{y_b} \mathrm{d}\left(\frac{y}{y_b}\right)$$

代入 $\dfrac{w}{w_m} = \left[1 - \left(\dfrac{y}{y_b}\right)^{1.5}\right]^2$ 后积分，得

$$Q = 2.13 \frac{w_0}{w_m} Q_0$$

故 $$\frac{Q}{Q_0} = 2.13 \frac{w_0}{w_m} \qquad (2-9)$$

在转折截面上 $w_m = w_0$, $Q = 2.13 Q_0$ 还可写为

$$Q = 2.2 \left(\frac{\alpha S}{R_0} + 0.294 \right) Q_0$$

$$Q = 2.2 \left(\frac{\alpha S}{R_0} + 0.65 \right) Q_0 \qquad (2-9a)$$

如图 2-7 所示。

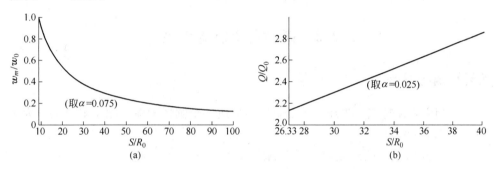

图 2-7　中心流速、流量与射流长度的关系

（a）中心流速 w_0 与长度的关系；（b）流量与射流长度之间的关系

一般速度分布对 α 影响很大：

当 w_0 均匀时，$\alpha = 0.066$；

当 $w_{m_0} = 1.1 \overline{w_0}$ 时，$\alpha = 0.077$；

当 $w_{m_0} = 1.25 \overline{w_0}$ 时，$\alpha = 0.076$。

当射流温度与周围静止介质温度不同时，设 T_m 为射流中心温度，T_0 为初温，T_1 为静止介质温度，则

$$\frac{T - T_1}{T_m - T_1} = \sqrt{\frac{w}{w_m}} = 1 - \left(\frac{y}{y_b} \right)^{1.5}$$

用同样方法可计算出

$$\frac{T_m - T_1}{T_0 - T_1} = \frac{0.7}{\frac{\alpha S}{R_0} + 0.29} \qquad (2-10)$$

2.1.3.5　火焰长度的概念

要使流体混合，其流量达到 Q 时（在某截面上），需要 S 距离，则 S 称为混合长度或最小混合长度，即

$$S = \left(\frac{Q}{Q_0} \frac{1}{2.2} - 0.294 \right) \frac{R_0}{\alpha}$$

取 $\alpha = 0.07$，则

$$S = 6.5 R_0 \frac{Q}{Q_0} - 4.2 R_0 \qquad (2-11)$$

式中，S 为得到充分混合的最短距离。但在燃烧中要充分燃烧需要的长度一般为

$$S_火 = 23 R_0 \frac{Q}{Q_0} \qquad (2-11a)$$

式中，$S_火$ 为火焰长度，m。

可见火焰长度近于最小混合长度的 3.5 倍。

2.2　两种自由射流相遇

2.2.1　相交射流

两相交射流特点：先压扁、变宽，后形成一个圆形射流。相交射流可分为 3 段（见图 2-8）：

（1）开始段（两射流未相互影响段）；

（2）过渡段（两流受变形力相互影响，在射流过程中其截面不断变化的一段）；

（3）主段，汇成了单一射流（不受变形力影响，在射流沿程截面不再变形）。

设变形率为 ϕ

$$\phi = \frac{b - d_s}{d_0} \qquad (2-12)$$

式中，b 为扁平宽度；d_0 为出口直径；d_s 为距出口 S 处的自由射流直径。

进入主段后 ϕ 基本不变化，而只是沿程扩展，由图 2-9 可见：

$$\alpha \uparrow \rightarrow \phi \uparrow \rightarrow 进入主段时$$

$$S \uparrow \rightarrow \frac{b}{h} \downarrow \rightarrow 趋于圆形$$

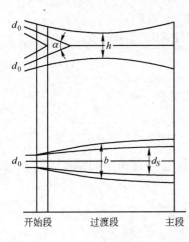

图 2-8　相交射流流股示意图

2.2.2　平行射流

平行射流相当于 $\alpha = 0$ 的情况（见图 2-10），射流张角 θ 比单独射流小，一般为 14°~15°，原因是由于两平行射流介质"卷吸"被喷射介质不足，使流股

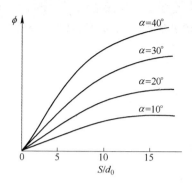

图 2 – 9　变形率沿射程方向变化

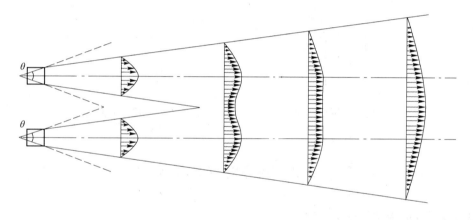

图 2 – 10　平行射流流股

的体积流量 Q 下降，与射流介质接触面积减小，造成喷射介质与被喷射介质的混合程度下降。

特点：（1）射流的流股将在射流方向的某一长度上合并，射流截面逐渐趋于圆形；（2）射流的某截面流量 Q，比单独射流同一截面的流股之和小；（3）射流的射程比单独自由射流的 S 大（主要因为增加了同向动能）。

平行射流喷射相交的长度、射流截面流量比单独射流流量的减小程度及射程增大程度与两喷口的距离、喷射口介质的某些操作参数和结构参数相关，这里不做深入量化说明。

2.2.3　反向射流

（1）两股初始动量相等的射流相对流动时，射流股顺着与开始方向垂直的方向均匀流去，其特点为改变了射流股方向（见图 2 – 11）。

（2）两股初始动量相等的相对流动不在同一直线时，射流中间形成强烈的循环区（见图 2 – 12），其特点：

1）张角 θ 变小了；

2）有强烈的循环区。

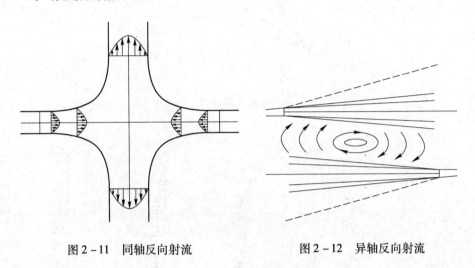

图 2 – 11   同轴反向射流   图 2 – 12   异轴反向射流

2.3   同心射流的混合

2.3.1   同心射流的混合过程

同心射流的混合过程可分为 3 个过程：

（1）分子扩散：由于分子热运动引起气体分子迁移现象，称为分子扩散或黏性扩散。其特点是扩散速度相对较小，只发生在边界，扩散速度取决于浓度梯度和扩散系数。

（2）脉动扩散：紊流气体质点不规则运动引起的分子扩散，脉动越大，混合越好，实验得出

$$K = \sqrt{\frac{(w')^2}{w}}$$

式中，K 为卡尔曼常数，为定值；w' 为脉动速度；w 为气体速度。

可见，$w\uparrow \rightarrow w'\uparrow \rightarrow$ 混合越好。

（3）机械涡动：存在旋动物体所引起的混合过程，例如涡流片，后两种过程对混合起着决定性作用。

2.3.2 强化同心射流混合的方法

（1）强化脉动混合，加强外层气流和中心气流的速度比（与绝对速度无关）；

（2）减小中心喷口直径（缩短混合距离）；

（3）使同心射流有一定交角（加强脉动混合和机械涡动）；

（4）喷管上安装导向叶片（机械涡动方法）。

同心射流直径 d_0 与混合程度关系如图 2-13 所示。

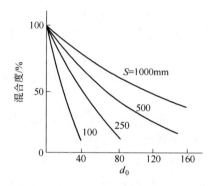

图 2-13　同心射流直径 d_0 与混合程度关系（混合物之比为 1∶1）

2.4　限制射流特点

火焰炉内气体流动可以看成是射流在四周为炉墙所包围的限制空间内的流动，这种射流叫作限制射流。如果限制空间较大，即射流喷口截面比限制空间的截面小得多，壁面对射流实际上起不了限制作用，则可看成是自由射流。如果喷口截面积很大，限制空间截面相对较小，则喷出气流将很快充满限制空间，这时就变成了管道内的气体流动。我们所要讨论的限制射流是介于自由射流与管道内气流之间的气体流动，它既受到壁面的限制作用，但又不能将截面空间充满（见图 2-14）。

2.4.1 限制射流的基本特征

在限制空间内的射流运动可以分为两个主要区域，即射流本身的区域和射流周围的循环区（回流区）；此外，还有在限制空间的死角处因空间局部变形而引起的局部循环

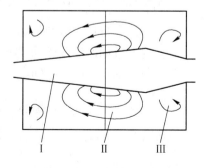

图 2-14　限制射流示意图

区（旋涡区）。

以平行于轴线的射流分速度 $W_x = 0$ 作为射流与回流区的分界面，从喷出口流出的射流截面，沿 x 方向逐渐扩大，但没有自由射流那样显著。后来由于流量减小使截面不再扩大，因此一直到流出这个空间，都不与壁面接触，似乎是射穿了限制空间。在射流从喷出口流出不远的一段内，射流由回流区带入气体，流量增大，使周边速度降低，速度沿 x 方向趋于不均匀化，与自由射流的开始段相似。后来，由于从周围带入的气体受到限制，特别是在射流的后半段，射流还要向回流区分出一部分气体，射流本身的流量反而减少，故速度分布趋于均匀化。这时速度分布与自由射流不同。根据实验测得，射流本身张角只有 2.5° 左右，射流与壁面之间的回流区的大小和转动速度，主要取决于射流和壁面间的距离以及射流的流速。

限制射流的这些特点，还可应用射流在限制空间内的能量变化关系进行分析。

当射流开始进入限制空间的前半段，限制射流的动量基本保持不变；在后半段内，动量则显著降低。因为开始时它与自由射流的特点相似，可以从回流区内带入气体，速度减小，流量增加，动量保持不变；后来射流边缘的气体倒流入回流区，流量减小，速度也减小，而且速度分布趋于均匀化，因而动量显著降低。射流的动能则沿轴向方向一直减小，这是因为射流进入限制空间后，损失一部分动能，使速度逐渐减小。

射流沿轴向方向的压力开始时逐渐下降，在离喷出口截面 7～8 个出口直径处（即 $l/d_0 = 7～8$）的压力最低，随后射流轴线上压力增加到差不多与开始压力相等，以后由于出口截面中气流的动能增加使压力下降。在实际炉膛内，射流所受到的阻力相对很小，故压力的变化和动量的变化是相适应的，即在开始一段内压力变化很小，后来随射流进程压力显著增加。

还可以利用能量平衡方程分析射流在限制空间内动能变化与压力变化的关系。射流进入限制空间时所具有的动能 $\left(\dfrac{m_0 W_0^2}{2}\right)$ 将消耗于以下 4 方面：

（1）射流本身扩大时耗损的能量（R_1）；

（2）射流带动回流区流动耗损的能量（R_2）；

（3）射流本身在限制空间出口处收缩的耗损（R_3）；

（4）作反压力功耗损的能量 $\dfrac{m_0}{\rho}$（$p_1 - p_0$）。

根据以上分析可写出能量平衡方程

$$\frac{m_0 W_0^2}{2} - \frac{m_0 W_1^2}{2} = R_1 + R_2 + R_3 + \frac{m_0}{\rho}(p_1 - p_0) \tag{2-13}$$

式中，p_0 和 p_1 分别为射流喷入口和出口截面上的压力。

式（2-13）可改写为

$$\frac{m_0}{2}(W_0^2 - W_1^2) = \frac{m_0}{\rho}(p_1 - p_0) + \sum R \qquad (2-14)$$

式中，$\sum R = R_1 + R_2 + R_3$。

从方程式（2-14），可得出 3 种各具特性的情况：

（1）当 $m_0 W_0^2 = m_0 W_1^2$ 时，则

$$\frac{m_0}{\rho}(p_1 - p_0) + \sum R = 0$$

或

$$\frac{m_0}{\rho}(p_0 - p_1) = \sum R$$

这种情况下，喷入口截面上的压力能必然大于出口截面上的压力能（$p_0 > p_1$），其超出之值用于克服各阻力耗损的能量之和。

（2）当 $m_0 W_0^2 < m_0 W_1^2$ 时，则

$$\frac{m_0}{\rho}(p_0 - p_1) = \sum R + \frac{m_0}{2}(W_1^2 - W_0^2)$$

这种情况下，喷入口截面中压力能的储量，不仅用于克服各项阻力耗损，而且应当保证动能在出口截面上的增加。显然必定是 $p_0 > p_1$。

（3）当 $m_0 W_0^2 > m_0 W_1^2$ 时，即式（2-14）所列出的能量关系式，这种情况下，喷入口动能的储量，在满足出口截面中动能之值后，其余的能量不仅用于克服各项阻力耗损（$\sum R$），而且能作某些反压力的功。

总之限制射流沿进程的动量减小，压力升高，这是限制射流区别于自由射流的主要特点。这一特点对炉膛压力分布有重要意义，也是造成炉内循环气流的根本原因。

2.4.2 限制空间内的气体循环

如上所述可知，限制空间内气体循环是射流的惯性力、沿程的压力变化和阻力所引起的。它直接影响气流的方向和速度。当沿射流方向上的压力分布逐渐升高时，压力差有使气流减速或倒流的趋势。但射流中心的速度大，惯性力较大，只能减速，难以倒流；射流边界上气体的惯性力较小，这时边界上和边界外的气体将在反压的作用下向相反方向流动而产生回流，形成了气体的循环。

根据实验，气流循环强烈与否，主要取决于以下因素：

（1）限制空间的大小，主要是炉膛断面与喷口断面之比。如果这一比值很大，则炉壁失去了限制作用，相当于自由射流，没有沿程压力差，就不会产生回流；反之，如这一比值很小，则循环路程上阻力很大，大大阻碍了循环气流的形

成，甚至变成了管内气体流动，而没有循环气流。所以，只有在限制空间断面与射流喷口断面有一个适当的比值时，才能造成最大的循环气流。在实际使用时，只能根据加热工艺对循环气流强弱的要求，来确定炉子断面比值。如为了减少炉顶下面的循环气流，可采取压低炉顶的办法，以增大气流的循环阻力，减少气体回流。

（2）射流喷入口与气流出口的相对位置（即烧嘴和排烟口的相对位置）。喷入口与出口处于同一侧时，将使气流循环加剧，因为这时回流的循环路程上阻力最小。

当射流喷入口与出口位置在限制空间两侧时（如图 2 - 14 所示），循环气流发生在射流的主流两边，回流区较小；由于阻力较大，使循环减弱，射流的主流部分仅在限制空间末端才偏离开始方向。从上述两种情况可看出，回流区的大小和所处位置，都是由射流喷入口与出口的相对位置决定。

（3）射流的喷出动能和射流与壁面交角的影响。动能越大，可以带动回流区的气体越多，引起的气流循环越强烈。射流与壁面交角越大，射流与壁面碰撞后越易较早脱离壁面而改变方向，形成倒流，使回流区位置向前移动，回流区缩小。平焰炉膛内，射流以适当角度冲击熔池表面，可使回流区充满全部炉顶；由于回流区温度较低，能对炉顶起保护作用，延长炉顶寿命。这种情况下，回流区是有利的。

2.4.3　限制空间内的涡流区

当气流遇到障碍物或通道突然变形（如扩张、拐弯）时，它将脱离固体表面而产生旋涡。一般都在炉内的"死角"处产生旋涡，形成局部的回流区。旋涡产生的原因与循环气流相似。但是许多旋涡的流动方向是不规则的，它不像循环气流那样，有一定的回路。

在高温火焰炉内，旋涡区的存在给炉子工作带来有害的作用，主要在于：

（1）不利于炉内传热过程。旋涡区中气体的更新慢、温度低，如果存在于火焰与物料之间，对传热的影响更为显著。

（2）旋涡区易于沉渣，因气流方向和速度的突然改变，使熔渣和灰尘与气流分离而沉降下来，这些沉渣对炉子砌砖体有侵蚀作用。

（3）由于旋涡区的存在，增加了气流的阻力。

为此对于高温的火焰炉，应恰当地改进炉子内部形状，减少旋涡区，可以收到较好的效果。

练 习 题

1. 有一自由射流装置 $w_0 = 50\text{m/s}$，某处中心流速为 $w_{中} = 5\text{m/s}$，求体积流量之比 Q/Q_0。

2. 已知距出口 20m 处测得的自由射流中心流速为出口的 50%，求其出口半径为多少？（取 $\alpha = 0.07$）

3. 已知距喷口中心的 $s = 25\text{m}$，且 $y = 2\text{m}$ 时流速为 5m/s，求喷口直径为 $d_0 = 0.5\text{m}$ 的自由射流喷口处风量 Q_0。

3 喷 射 器

3.1 喷射器的基本原理

喷射器原理：喷出气体碰撞被喷气体，共同前进，这时喷射筒后成"真空"，靠大气压力"吸入"新气体，如图 3 - 1 所示。

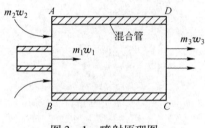

图 3 - 1 喷射原理图

喷射器特征：当喷射器一定时，被喷介质和喷出介质基本上成比例。

3.1.1 喷射器"抽力"原理

设 m_1，m_2，m_3 分别为喷射介质、被喷射介质和混合后介质的质量流量；w_1，w_2，w_3 分别为喷射、被喷射和混合介质的速度。

由动量定理

$$\int_A \rho w^2 \mathrm{d}A = \sum F$$

对 $ABCD$ 区域，在 X 方向上，由于 $A_1 \ll A_2$，$A_2 \approx A_3$，有

$$\sum F_X = p_2 A_2 + p_1 A_1 - p_3 A_3 \approx (p_2 - p_3) A_3$$

$$\int_A \rho w^2 \mathrm{d}A = mw - m_0 w_0 = m_3 w_3 - (m_2 w_2 + m_1 w_1)$$

$$m_3 w_3 - (m_2 w_2 + m_1 w_1) = (p_2 - p_3) A_3 \tag{3-1a}$$

式（3-1a）为喷射基本方程式。

由式（3-1a）可见，喷射器两端的压力差 $p_2 - p_3$ 主要取决于两截面的动量差。

（1）压力较大的截面上动量较小；压力较小的截面上动量较大。

（2）速度分布不均匀的截面动量大，速度分布均匀的截面动量小。

为说明上面所述的结论，特举例说明。

例3-1 设有一圆管（如图3-2所示），在 AB 面上速度分布不均，CD 面上速度分布均匀。设 AB 面上，中心面积为 A_1，流速为 w_1，周围面积为 A_2，流速为 w_2，设 $w_1/w_2 = 4$，CD 面上的流速为 w_3，AB 面上的流量：

$$Q_{AB} = w_1 A_1 + w_2 A_2$$

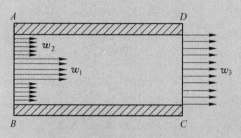

图3-2 圆管内气体喷射示意图

设中心面积上和周围面积上的流量相等，即 $w_1 A_1 = w_2 A_2$，且

$$Q_{AB} = Q_{CD} = Q$$

则

$$w_3 = \frac{1}{A_3}(w_1 A_1 + w_2 A_2) = \frac{1}{A_1 + A_2}(w_1 A_1 + w_2 A_2) = \frac{1}{1 + \dfrac{A_2}{A_1}}\left(w_1 + w_2\frac{A_2}{A_1}\right)$$

$$w_3 = \frac{1}{1 + \dfrac{w_1}{w_2}}(w_1 + w_2) = \frac{1}{1 + \dfrac{4}{1}}(4 + 4) = \frac{8}{5} = 1.6(\text{m/s})$$

AB 面上动量为：$\qquad \rho 4^2 A_1 + \rho 1^2 A_2 = \rho(16A_1 + A_2)$

CD 面上动量为：$\qquad \rho 1.6^2 A_3 = \rho(A_1 + A_2)2.56$

2 个面上动量比：

$$AB\ \text{动量}/CD\ \text{动量} = (16A_1 + A_2)/[2.56(A_1 + A_2)] = 1.563$$

由此得出：流量相等、动量不等，速度分布不均匀的动量较大，

由于 $\qquad\qquad m_3 w_3 < m_2 w_2 + m_1 w_1$

则 $\qquad\qquad\qquad p_2 - p_3 < 0$

式中，p_3 与大气相通，为 P_a，$p_2 < P_a$，为负压。

$$p_3 - p_2 = \frac{m_2 w_2 + m_1 w_1 - m_3 w_3}{A_3} \qquad (3-1b)$$

式中，$p_3 - p_2$ 为正，速度不均截面 AB 的动量大于速度均匀截面 CD 的动量。

3.1.2 喷射器"抽力"计算

图 3-3 为简单喷射器示意图。

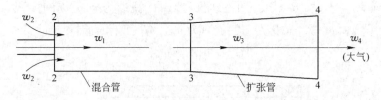

图 3-3 简单喷射器示意图

列 3—4 面的 Bernoulli 方程式

$$p_3 + \frac{w_3^2}{2g}\gamma_3 = p_4 + \frac{w_4^2}{2g}\gamma_4 + K_3\frac{w_3^2}{2g}\gamma_3$$

式中，K_3 为 3—4 面的阻力系数。

由 $w_3A_3 = w_4A_4$，$\gamma_3 \approx \gamma_4$，则

$$p_4 - p_3 = \frac{w_3^2}{2g}\gamma_3\left(1 - \frac{A_3^2}{A_4^2} - K_3\right) \qquad (3-2a)$$

令 $\eta_{扩} = 1 - \left(\frac{A_3}{A_4}\right)^2 - K_3$，$\eta_{扩}$ 为扩张管的效率，有

$$p_4 - p_3 = \eta_{扩}\frac{w_3^2}{2g}\gamma_3 \qquad (3-2b)$$

将 $p_3 = p_4 - \eta_{扩}\frac{w_3^2}{2g}\gamma_3$ 代入 $(p_3 - p_2)A_3 = m_1w_1 + m_2w_2 - m_3w_3$，并考虑到

$$A_3 = \frac{m_3}{w_3}\rho_3 = \frac{m_3g}{w_3\gamma_3}$$

得

$$p_4 - p_2 = \frac{w_3\gamma_3(m_1w_1 + m_2w_2 - m_3w_3)}{m_3g} + \eta_{扩}\frac{w_3^2}{2g}\gamma_3 \qquad (3-3)$$

式中，右边第一项为喷射作用造成的抽力；右边第二项为扩张管造成的抽力。

一般 d_4/d_3 决定 $\eta_{扩}$ 的大小（见表 3-1）。

表 3-1　$\eta_{扩}$ 与 d_4/d_3 的关系

d_4/d_3	1.0	1.05	1.1	1.2	1.5	2.0	2.5
$\eta_{扩}$	-0.15	0	0.17	0.3	0.5	0.6	0.6

当 $d_4/d_3 > 2.0$ 时，$\eta_{扩} \approx 0.6$

设计时一般取扩张角为 6°～8°，$d_4/d_3 \approx 1.5$，$\eta_{扩} \approx 0.5$。

3.1.3 实际喷射器的计算

实际喷射器喷射介质和被喷射介质有速度差而有猛烈的碰撞，将降低喷射效率，为减少这一能量损失，将吸入口做成收缩管形。

图 3-4 中 0—2 为吸入管；2—3 段为混合管；3—4 段为扩张管。

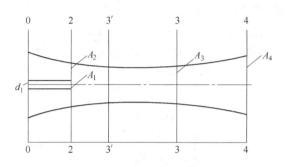

图 3-4　实际喷射器示意图

列 0—2 段的 Bernoulli 方程（0 面动头可忽略）

$$p_0 = p_2 + \frac{w_2^2}{2g}\gamma_2 + K_2\frac{w_2^2}{2g}\gamma_2$$

与式（3-3）联立后得

$$p_4 - p_0 = \frac{w_3\gamma_3}{m_3 g}(m_1 w_1 + m_2 w_2 - m_3 w_3) + \eta_{扩}\frac{w_3^2}{2g}\gamma_3 - (1+K_2)\frac{w_2^2}{2g}\gamma_2 \qquad (3-4)$$

式（3-4）为整个实际喷射器压差（$p_4 - p_0$）的计算式。

3.2　喷射器的效率及合理尺寸

喷射器出口的动能$\left(\frac{w_4^2}{2g}\gamma_4\right)$通常较小，一般不被利用，出口后即被损失掉了，因此被喷射气体从 0 面到 4 面获得的有效能量为

$$Q_2(p_4 - p_0)\tau$$

喷射介质消耗能量为

$$Q_0\Big[\left(p_2 + \frac{w_1^2}{2g}\gamma_1\right) - \left(p_4 + \frac{w_1^2}{2g}\gamma_4\right)\Big]\tau$$

或

$$Q_1\left(p_2 - p_4 + \frac{w_1^2}{2g}\gamma_1\right)\tau$$

则喷射器效率为

$$\eta_{\text{效}} = \frac{Q_2(p_4 - p_0)}{Q_1\left(p_2 - p_4 + \dfrac{w_1^2}{2g}\gamma_1\right)} \tag{3-5}$$

因此，设计喷射器时应力求 $\eta_{\text{效}}$ 达到最大，即为求得 $(p_4 - p_0)$ 最大。

设：   混合物质量流量/喷射介质质量流量 $= m_3/m_1 = n$

          混合物体积流量/喷射介质体积流量 $= Q_3/Q_1 = m$

          喷射截面比 = 混合管面积/喷出口面积 $= F_3/F_1 = \Phi$

          吸入口相对尺寸 = 混合管面积/吸入口面积 $= F_3/F_2 = \varphi$

则有

$$\frac{m_2}{m_1} = \frac{m_3 - m_1}{m_1} = n - 1 \tag{3-5a}$$

$$\frac{Q_2}{Q_1} = \frac{Q_3 - Q_1}{Q_1} = m - 1 \tag{3-5b}$$

$$\frac{w_3}{w_1} = \frac{Q_3/F_3}{Q_1/F_1} = m/\Phi \tag{3-5c}$$

$$\frac{w_2}{w_1} = \frac{(Q_3 - Q_1)/F_2}{\dfrac{Q_1}{F_1}} = (m - 1)\frac{\varphi}{\Phi} \tag{3-5d}$$

$$\frac{\gamma_3}{\gamma_1} = \frac{(m_3/Q_3)g}{(m_1/Q_1)g} = \frac{n}{m} \tag{3-5e}$$

$$\frac{\gamma_2}{\gamma_1} = \frac{(m_2/Q_2)g}{(m_1/Q_1)g} = \frac{(m_3 - m_1)(Q_3 - Q_1)}{m_1/Q_1} = \frac{n-1}{m-1} \tag{3-5f}$$

将式 (3-5a) ~ 式 (3-5f) 代入式 (3-3)，可得

$$p_4 - p_2 = \frac{w_1^2}{2g}\gamma_1\left[\frac{2}{\Phi} - \frac{2 - \eta_{\text{扩}}}{\Phi^2}mn + \frac{2(m-1)(n-1)}{\Phi^2}\varphi\right] \tag{3-6}$$

将式 (3-5a) ~ 式 (3-5f) 代入式 (3-4)，可得到

$$p_4 - p_0 = \frac{w_1^2}{2g}\gamma_1\left[\frac{2}{\Phi} - \frac{2 - \eta_{\text{扩}}}{\Phi^2}mn + \frac{2(m-1)(n-1)}{\Phi^2}\varphi - \frac{(1 + K_2)(m-1)(n-1)}{\Phi^2}\varphi^2\right]$$

$$\tag{3-7}$$

可见

$$(p_4 - p_0) = f(m, n, \Phi, \varphi)\frac{w_1^2}{2g}\gamma_1 \tag{3-7a}$$

确定最佳 Φ 值和 φ 值的步骤如下：

(1) 求最佳 Φ 值：令 $\dfrac{\partial(p_4 - p_0)}{\partial\Phi} = 0$，得

$$\Phi_{\text{佳}} = (2 - \eta_{\text{佳}})mn - 2(m-1)(n-1)\varphi + (1 + K_2)(m-1)(n-1)\varphi^2$$

$$\tag{3-8a}$$

（2）求最佳 φ 值：令 $\dfrac{\partial(p_4 - p_0)}{\partial \varphi} = 0$，得

$$\varphi_{佳} = \frac{1}{1 + k_2} \tag{3-8b}$$

将式（3-8b）代入式（3-8a）中可得到

$$\Phi_{佳} = (2 - \eta_{扩})mn - \frac{1}{1 + k_2}(m-1)(n-1) \tag{3-8c}$$

式中，k_2 为吸入口阻力系数；$\eta_{扩}$ 为扩张管效率，$\eta_{扩} = 1 - \left(\dfrac{F_3}{F_4}\right)^2 - k_3$；$k_3$ 为包括扩张管和混合管在内的阻力系数。

将 $\varphi_{佳}$，$\Phi_{佳}$ 代入式（3-7），得

$$(p_4 - p_0)_{佳} = \frac{1}{\Phi_{佳}} \frac{w_1^2}{2g} \gamma_1 \tag{3-9}$$

即最佳压差恰好等于喷射介质动头的 $\dfrac{1}{\Phi_{佳}}$ 倍。

3.3　关于喷射式烧嘴的力学计算

喷射式烧嘴相当于喷射器前加一喷头（收缩管）（见图3-5），将气体混合物鼓入燃烧室，喷头作用为喷射式喷嘴机构示意图如图3-5所示：（1）建立一定的喷出速度；（2）使喷嘴上的速度均匀化。

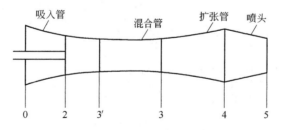

图3-5　喷射式喷嘴机构示意图

3.3.1　喷嘴的全效率

喷嘴的全效率为

$$\eta_{全} = \frac{Q_2\left(p_5 - p_0 + \dfrac{w_{HP}^2}{2g}\gamma_3\right)}{Q_1\left[\dfrac{w_1^2}{2g}\gamma_1 - (p_5 - p_2) - \dfrac{w_{HP}^2}{2g}\gamma_3\right]} \tag{3-10}$$

式中，w_{HP} 为混合物的喷出速度，m/s。

3.3.2　喷出动头

由连续性方程　　　　　　$w_1 F_1 = w_3 F_3 = w_{HP} F_{HP}$

或者写为

$$\frac{w_{HP}^2}{2g}\gamma_3 = \frac{w_3^2}{2g}\gamma_3 \left(\frac{F_3}{F_{HP}}\right)^2$$

由于

$$w_3/w_1 = (Q_3/F_3)(Q_1/F_1) = m/\phi$$

$$\gamma_3/\gamma_1 = (m_3/Q_3)(m_1/Q_1) = n/m$$

故　　　$$\frac{w_{HP}^2}{2g}\gamma_3 = \frac{1}{\Phi^2}mn\left(\frac{F_3}{F_{HP}}\right)^2 \frac{w_1^2}{2g}\gamma_1 \qquad (3-11)$$

3.3.3　最佳尺寸

设喷射器出口处面积与混合管相等且

$$\eta_{扩} = 1 - \left(\frac{F_3}{F_4}\right)^2 - k_3 - k_{HP}\left(\frac{F_3}{F_{HP}}\right)^2 = -(k_3 + k_{HP})$$

则可推出

$$p_5 - p_0 = \frac{w_1^2}{2g}\gamma_1\left[\frac{2}{\Phi} - \frac{1}{\Phi^2}(2 + k_3 + k_{HP})mn + \frac{2\varphi - (1 + k_2)\varphi^2}{\Phi^2}(m-1)(n-1)\right]$$

$$(3-12)$$

令 $\dfrac{\partial}{\partial \Phi}\left(p_5 - p_0 + \dfrac{w_{HP}^2}{2g}\gamma_3\right) = 0$，可推得

$$\Phi_{佳} = (1 + k_3 + k_{HP})mn - \frac{(m-1)(n-1)}{1 + k_2} \qquad (3-13)$$

但一般在设计过程中，取

$$\Phi_{佳} = \delta mn \qquad (3-13a)$$

式中，

$$\delta = (1 + k_3 + k_{HP})mn - \frac{(m-1)(n-1)}{1 + k_2}\frac{1}{mn}$$

可见 δ 并非是定数，δ 仍为 m 和 n 的函数，即 $\delta = f(m, n)$，但是，

（1）当喷射比很大时，即 $m \gg 1$，$n \gg 1$，δ 可以认定为定数，即

$$\delta \approx (1 + k_3 + k_{HP}) - \frac{1}{1 + k_2}$$

（2）当吸入口截面很大时，$\varphi = F_3/F_2 \approx 0$，则 $w_2 \approx 0$，δ 也可认为是定数，即

$$\delta \approx (1 + k_3 + k_{HP})$$

此时，δ 并不随 m 和 n 变化，被认为是定值，这种喷射器称为低速喷射器，其特点是：1）$w_2 \approx 0$，则冲击损失大，喷射效率 $\eta_{效}$ 降低；2）当 $n < 1.4$ 时，可使 $\eta_{效}$ 增大。

例3-2　已知有如图3-6所示形式的排烟设备，排烟量（标态）$Q'_2 = 41500 \mathrm{m^3/h}$，烟温 $t'_2 = 485℃$，喷射气体流量（标态）$Q_1 = 36000 \mathrm{m^3/h}$，$\Delta p_1 = 270 \times 9.8 \mathrm{Pa}$，求 $p_4 - p_2$。

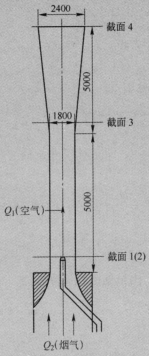

图3-6　排烟设备图例（一）

（图中数据单位为mm）

解： 由图3-6尺寸及形式，可对整个截面分别求算。

（1）求 w_1，m_1。

$$m_1 = \rho_1 Q_1 = 1.293 \times 36000/3600 = 12.93 (\mathrm{kg/s})$$

$$w_1 = \alpha \sqrt{\frac{2g\Delta p}{\gamma_1}} = 0.9 \times \sqrt{\frac{2 \times 9.8 \times 270 \times 9.8}{1.293 \times 9.8}} = 57.6 (\mathrm{m/s})$$

（2）求 w_2，m_2，γ_2。

$$m_2 = Q'_2 \rho'_2 = 41500 \times 1.3/3600 = 14.99 (\mathrm{kg/s})$$

$$w_2 = Q_2/F_2 = Q'_2 (1 + \beta t'_2)/F_2 = 12.58 (\mathrm{m/s})$$

$$\gamma_2 = \gamma_2'/(1 + \beta t_2') = 4.588 (\text{N/m}^3)$$

(3) 求 w_3，m_3，γ_3。

$$m_3 = m_1 + m_2 = 12.93 + 14.99 = 27.92 (\text{kg/s})$$

$$\rho_3 = \frac{m_3}{Q_1 + Q_2} = 0.665 (\text{kg/m}^3)$$

混合截面 3（同上）的重度 $\gamma_3 = 6.519 (\text{N/m}^3)$

$$w_3 = \frac{m_3}{\rho_3 F_3} = \frac{27.92}{0.665 \times \frac{\pi}{4} \times 1.8^2} = 16.50 (\text{m/s})$$

查表 3 – 1，$d_4/d_3 = 1.33$，得

$$\eta_扩 \approx 0.4$$

截面 4 到截面 2 的压力差为：

$$p_4 - p_2 = \frac{w_3 \gamma_3 (m_1 w_1 + m_2 w_2 - m_3 w_3)}{m_3 g} + \eta_扩 \frac{w_3^2}{2g} \gamma_3 = 185.6 + 36.2 = 221.8 (\text{Pa})$$

例 3 – 3 若条件同例 3 – 2，求最佳尺寸及抽力。

解： 喷射管口直径

$$\frac{\pi}{4} d_1^2 = \frac{Q_1}{w_1} = \frac{10}{57.61} = 0.1736 (\text{m}^2)$$

$$d_1 = \sqrt{\frac{44 \times 0.1736}{\pi}} = 0.470 (\text{m})$$

(1) 求出口直径 d_3 及求出最佳面积比 $\Phi_佳$。

$$\Phi_佳 = (2 - \eta_扩) mn - \frac{1}{1 + k_2}(m - 1)(n - 1)$$

式中，$\eta_扩 = 0.5$。

$$m = \frac{Q_3}{Q_1} = \frac{m_3/\rho_3}{m_1/\rho_1} = \frac{27.92/0.665}{12.93/1.293} = 4.198$$

$$n = \frac{m_3}{m_1} = \frac{27.92}{12.93} = 2.159$$

$k_2 = 0.2$（吸入口阻力系数，一般 $k_2 = 6.05 \sim 0.4$）

故 $\Phi_佳 = 10.506$

混合管的直径 $d_3 = d_1 \cdot \sqrt{\Phi_佳} = 0.470 \times \sqrt{10.506} = 1.523 (\text{m})$

(2) 求吸入口直径 d_2 及求出最佳面积比 $\varphi_佳$。

$$\varphi_佳 = \frac{1}{1 + k_2} = 0.833$$

$$F_2 = F_3/\varphi_佳 = \frac{\pi}{4}d_3^2/\varphi_佳 = 2.186(\text{m}^2)$$

吸入口直径：

$$d_2 = \sqrt{\frac{4F_2}{\pi} + d_1^2} = 1.733(\text{m})$$

（3）扩张管。

一般 $\alpha = 7° \sim 8°$，$d_4/d_3 \leqslant 2$，$l_4 = \dfrac{d_4 - d_3}{2\tan\alpha/2}$

取 $\hspace{3cm} d_4/d_3 = 1.5$

扩张管出口直径 $d_4 = 1.5d_3 = 1.5 \times 1.523 = 2.285(\text{m})$

$$l_4 = \frac{2.285 - 1.523}{2 \times \tan 4°} = 5.449(\text{m})$$

（4）混合管和吸入管长度。

混合管长度 l_3：设 l_2 为吸入管时，流量系数可取 $\alpha = 0.95 \sim 0.84$

一般： $\hspace{3cm} l_3 + l_2 \geqslant 5d_3$

$$l_3 + l_2 \geqslant 5 \times 1.523 = 7.615(\text{m})$$

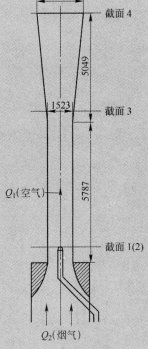

图 3-7 排烟设备图（二）

（图中数据单位为 mm）

吸入管 l_2：一般取 $l_2 = (0.3 \sim 2) d_3$，可根据具体条件及壁厚，由加工粗糙度而定，对壁厚、加工粗的吸入管可选长点。若取 $l_2 = 1.2 d_3$

$$l_2 = 1.2 \times 1.523 = 1.828 (\text{m})$$

$$l_3 = 7.615 - 1.828 = 5.787 (\text{m})$$

（5）最佳条件下造成的抽力。

$$p_4 - p_0 = \frac{1}{\Phi} \frac{w_1^2}{2g} \gamma_1 = \frac{1}{10.506} \times \frac{1.293}{2 \times 9.8} \times 9.8 \times 57.6^2 = 204.2 (\text{Pa})$$

$$p_4 - p_2 = \left[\frac{2}{\Phi} - \frac{2 - \eta_{3'}}{\Phi^2} mn + \frac{2(m-1)(n-1)}{\Phi^2} \varphi \right] \frac{w_1^2}{2g} \gamma_1$$

$$= \frac{1}{8.121} \times \frac{1.293}{2} \times 57.6^2 = 264.1 (\text{Pa})$$

例 3 - 4　已知燃料低发热量（标态）$Q_l = 7528 \text{kJ/m}^3$，燃料密度（标态）$\rho = 1.07 \text{kg/m}^3$，若被喷空气温度为 $t_2 = 500℃$，求 d_{HP}/d_1；若混合气体的出口径 $d_{HP} = 178 \text{mm}$，求 d_1；若速度为 $w_{OHP} = 25 \text{m/s}$（标态），求压差 Δp_1 及流量 Q_1。

解：如图 3 - 8 所示为喷射式烧嘴，设空气过剩系数 $\alpha = 1.03$，实际空气需要量 $L_n = 1.7 \text{m}^3/\text{m}^3$（标态，根据燃烧计算）

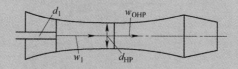

图 3 - 8　喷射式烧嘴图例

（1）求 d_{HP}/d_1：由 $\Phi = \delta mn$ 得

$$m = Q_3/Q_1 = \frac{1 + 1.7 \left(1 + \frac{500}{273}\right)}{1} = 5.81$$

$$n = m_3/m_1 = \frac{1 \times 1.07 + 1.7 \times 1.29}{1 \times 1.07} = 3.05$$

取 $k_2 = 0.2$，$k_3 = 0.2$，$k_{HP} = 0.2$

$$B = \frac{(m-1)(n-1)}{mn} = 0.556$$

故　　　　　$$\delta = (1 + k_3 + k_{HP}) - \frac{B}{1 + k_2} = 0.937$$

$$\Phi = \delta mn = 0.937 \times 5.8 \times 3.05 = 16.60$$

$$d_{HP}/d_1 = \sqrt{\Phi} = \sqrt{16.60} = 4.074$$

(2) 求 d_1。

$$d_1 = d_{HP}/4.074 = 178/4.074 = 44(\text{mm})$$

(3) 已知：w_{OHP}，先求 w_1，

$$\frac{w_1^2}{2g}\gamma_1 = \frac{\Phi^2}{mn}\frac{w_{HP}^2}{2g}\gamma_3$$

$$w_{HP} = w_{OHP}\left(1 + \frac{322}{273}\right) = 25 \times \left(1 + \frac{322}{273}\right) = 54.5(\text{m/s})$$

$$Q_3 t_3 = Q_1 t_1 + Q_2 t_2$$

$$t_3 = \frac{Q_1 t_1 + Q_2 t_2}{Q_3} = \frac{1 \times 20 + 1.7 \times 500}{2.7} = 322(\text{℃})$$

$$\frac{\gamma_3}{g} = \frac{n}{m}\rho_1 = \frac{3.03}{5.81} \times 1.07 = 0.56$$

$$w_1 = \sqrt{\frac{\Phi^2}{mn}w_{HP}^2\frac{\rho_3}{\rho_1}} = 155.5(\text{m/s})$$

已知按流出公式 $w_1 = \alpha_1\sqrt{\dfrac{2g\Delta p_1}{\gamma_1}}$ （取 $\alpha_1 = 0.9$）

$$\Delta p_1 = \frac{1}{\alpha_1^2}\frac{w_1^2}{2g}\gamma_1 = 14374(\text{Pa})$$

求出燃烧能力

$$V_1 = \alpha F_1\sqrt{\frac{2g\Delta p_1}{\gamma_1}} = 0.9 \times \frac{\pi}{4} \times 0.044^2\sqrt{\frac{2 \times 14374}{1.05}} = 0.224(\text{m}^3/\text{s})(\text{标态})$$

3.4 关于喷射式烧嘴的喷射比及自动比例

3.4.1 喷射比

由式（3-12）可知，喷射式烧嘴的嘴前压力为

$$p_5 - p_0 = \left[\frac{2}{\Phi} - \frac{1}{\Phi^2}(2 + k_3 + k_{HP})mn + \frac{2\varphi - (1 + k_2)}{\Phi^2}(m-1)(n-1)\right]\frac{w_1^2}{2g}\gamma_1$$

$$(3-14\text{a})$$

可令式（3-14a）中

$$A = 2 + k_3 + k_{HP} \quad (\text{混合管，扩张管，喷头阻力})$$

$$D = 2\varphi - (1 + k_2)\varphi^2 \quad (\text{吸入口集合条件和阻力})$$

$$H = (p_5 - p_0)\Big/\left(\frac{w_1^2}{2g}\gamma_1\right) \quad (\text{压差与喷射介质动头之比})$$

$$\frac{\gamma_2}{\gamma_1} = G \text{（重度之比）}$$

$$m = G^{-1}(n-1) + 1 \text{（体积流量之比）}$$

将 A，D，H，G 代入式（3-14a）中得到

$$(D-A)n^2 + (-AG + A - 2D)n + (2G\Phi - GH\Phi^2 + D) = 0 \qquad (3-14)$$

可见此式为以3个括号内常数项为系数的一元二次方程，其解为

$$n = [(2D - A + AG) \pm$$

$$\sqrt{(-AG + A - 2D)^2 + 4(A-D)(2G\Phi + D - GH\Phi^2)}\,]/2(D-A)$$

这个解就是有任一 H 值时，质量流量的比值 n 的计算公式。这就得到质量流量比 n 和压差喷射截止动头比及 Φ 值的关系，写为 $n = f(\Phi, H)$。图 3-9 是 $G = \gamma_2/\gamma_1 = 0.427$，$\varphi = 0.8$，$k_2 = 0.25$，$k_3 = 0.2$，$k_{HP} = 0.2$ 时，即 $D = 0.832$，$A = 2.4$ 的 $n = f(\Phi, H)$ 曲线关系

$$n = -0.0921 + (0.5391 + 0.5446\Phi - 0.2723\Phi^2 H)^{1/2}$$

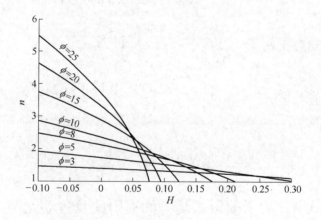

图 3-9　压差与动头比 H 和 n 关系

图 3-9 的结论为：随着压（差）与动头比的增大，质量流量比 n 值下降，且当 Φ 值较大时，H 对 n 的影响较为显著，但 n 随 H 增加而减小是有限度的，因为 $n \geq 1$。

若将 $n = 1$ 代入式（3-14），能得到 $H = (2\Phi - A)/\Phi^2$，可见，$H > (2\Phi - A)/\Phi^2$ 时，$n < 1$，此时，不仅不能被带入被喷射介质，而且喷射介质会倒流出去。

Φ 对 n 的影响：式（3-14）表示了 Φ 与 n 的函数关系，对式（3-14）偏导，即 $\dfrac{\partial f}{\partial \Phi}$，有

$$2n(D-A)\frac{\partial n}{\partial \Phi} + (A-AG-2D)\frac{\partial n}{\partial \Phi} + (2G-2GH\Phi) = 0$$

令 $\frac{\partial n}{\partial \Phi} = 0$，则

$$\Phi_{n\max} = \frac{1}{H} \qquad\qquad (3-15)$$

质量流量比 n 和喷射截面比 Φ 的关系如图 3-10 所示，可见当压差与喷射介质动头之比 H 一定时，最佳的 Φ 对应有最大的质量流量比 n，最佳 Φ 越大，质量流量 n 越大；而压差与喷射介质动头之比 H 越大，最佳 Φ 越小。

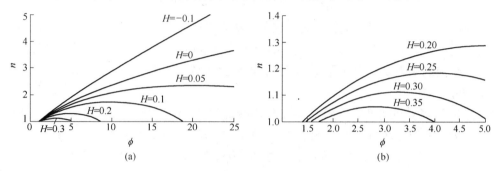

图 3-10　质量流量比 n 和喷射截面比 ϕ 关系

结论：

(1) 当 $p_5 - p_0 = 0$ 时，$H = 0$，则 $\Phi_{n\max} \to \infty$，即无极限存在，n 随 Φ 增大而增大。

(2) 当 $H \neq 0$ 时（$H > 0$），对任意 H，都能有 $n_{\max}$ 对应的 Φ 值。

例如：$H = 0.1$ 时，即

$$\Phi_{n\max} = \frac{1}{0.1} = 10$$

将此代入式 (3-14)，得到

$$n_{\max} = 1.714$$

当 $H = 0.025$ 时，$\Phi_{n\max} = 40$，代入式 (3-14) 得到

$$n_{\max} = 3.289$$

3.4.2　喷射式烧嘴实现空气煤气自动比例的条件

喷射式烧嘴在使用过程中，要根据工艺要求调节燃烧器的喷射煤气量，这就需要带入的空气量有相应的变化与之成比例，因此，不希望 n 值变化。当喷射几何尺寸一定时，Φ 和 φ 值即定，要使改变 m_1 时，$n = \frac{m_3}{m_1} = c$ 不随之变化，唯一的

条件是 H 不随 $\dfrac{w_1^2}{2g}\gamma_1$ 改变而变化。

使 H 为定值的情况有 3 种：

（1）使吸入口压力和喷嘴出口处的压力完全相等，即 $p_5 - p_0 = 0$，$H = 0$，此时无论 Φ 为何值，也无论 Φ 是否最佳，n 都为定值（见图 3 – 10）。

例：当 $\Phi = 3$ 时，$H = 0$，n 恒为 1.382；

    当 $\Phi = 5$ 时，$H = 0$，n 恒为 1.714。

（2）若能使 $p_5 - p_0$ 与 $\dfrac{w_1^2}{2g}\gamma_1$ 之比总能保持一个定值，即 $H = \mathrm{const}$，也能使喷射器的空煤气之比保持呈正比例，这种方法就是调节 p_5，当要求 w_3 增大，或 m_3 增大时，p_5 必须同时增大（p_0 设为不变量），这也是可能的，因为每当增大流量时，炉内的压力要增大（即 p_5 增大），这就为保持空气和煤气的自动化比例提供了条件。

（3）当 Φ 很小时，n 随 H 的变化而变化不敏感，n 也能近似保持定值。例如，$\Phi = 10$ 时，H 由 0.15 变化到 0，n 值由 1.287 变为 2.354，增加 82.9%，而 $\Phi = 1.5$ 时，H 由 0.15 变化到 0，n 值由 1.032 变为 1.072，增加了 3.9%，可见 n 值基本上没有变化。

〰〰〰〰〰〰〰〰〰〰〰〰〰〰〰〰〰〰〰〰〰〰〰〰〰〰〰

思 考 题

1. 简单说明喷射器基本原理。
2. 喷射筒内的速度分布与动量有什么关系？
3. 为什么吸入口处一定为负压？
4. 喷射器的扩张管起何作用，扩张效率与什么因素有关？
5. 实际喷射器为什么要有收缩吸入口？
6. 何为喷射器效率？
7. 说明如下概念：

    （1）质量喷射比；（2）流量喷射比；（3）喷射截面比；（4）吸入口相对尺寸。
8. 说明最佳喷射截面比；最佳吸入口相对尺寸；最佳压差的关系式。
9. 喷射式喷嘴的全效率和喷射器效率有何差别？
10. 在什么条件下，可认为喷射式喷嘴为低速喷嘴（$\delta = \mathrm{const}$）？
11. 当 Φ 一定时，喷射式喷嘴的 n 和 H 是什么关系（$H = ?$）？
12. 如何使喷射式喷嘴成自动比例？

练 习 题

1. 某炉排烟量（标态）为 $36000 m^3/h$，烟囱内平均温度为 $500℃$，烟直径为 $1.5m$，为增加抽力采用喷射器排烟，已知风机压力为 $2500Pa$，风量（标态）为 $30000 m^3/h$，求抽力？（出口直径为 $d=2m$）

2. 在上述条件下，什么样的结构尺寸最佳，抽力多大？

3. 已知某火焰喷射烧嘴，燃料发热量（标态）$Q_L=7500kJ/m^3$，空气需要量 $L_n=1.8m^3/m^3$（标态），煤气 $\gamma=15N/m^3$，热风温度为 $400℃$，求直径比 d_{HP}/d_1。

4. 某喷射式喷嘴 $H=0$，$k_2=0.25$，$G=0.427$（重度之比），$k_2=0.2$，$\Phi=18$，$\varphi=0.8$。

   求：（1）喷射比 n 的值。

   （2）当 $H=0.01$，其他参数不变时，n 的值。

   （3）当 $H=0.01$ 时，最大喷射比 n_{max} 和最佳 Φ_{max}。

4 排烟系统

在火焰炉内燃烧废气的排放方法一般可分为两种形式:

(1) 靠烟囱进行自然排烟;

(2) 靠引风机或喷射器进行机动排烟。

目前,我国冶金企业多采用靠烟囱进行自然排烟的排烟方式,因此本章内容以自然排烟为主,说明烟囱的排烟原理及计算。

4.1 烟囱的工作原理

4.1.1 烟囱排烟原理

将燃烧后的废气排出燃烧设备是保证不断(连续)燃烧的基本条件,下面先说明烟囱排烟的原理。

4.1.1.1 虹吸管原理

水的重度比空气大,因此在空气中有自然下降的趋势。如图 4-1 所示。充满水的虹吸管之所以能引液自流,是因为 2~3 段中水借重力流出时会在 2 截面造成真空,从而将水从管口径 1 截面吸进管内。但 2 处的压力不能低于水的该温度饱和压力。

列 0—3 处的 Bernoulli 方程,整理后为

$$p_0 = p_a - H'\gamma + \frac{w^2}{2g}\gamma\left(\lambda\,\frac{l}{d} + \Sigma\,\zeta\right)\frac{w^2}{2g}\gamma \tag{4-1a}$$

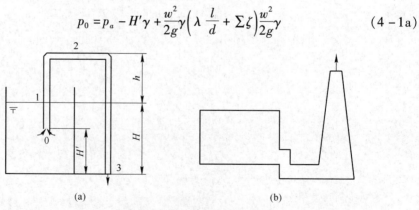

图 4-1 虹吸管和烟囱排烟原理图

$$p_0 = p_a + (H - H')\gamma \tag{4-1b}$$

合并式（4-1a）和式（4-1b），整理后有

$$w = \left[2gH / \left(1 + \lambda \frac{l}{d} + \Sigma\zeta \right) \right]^{\frac{1}{2}} \tag{4-1c}$$

可见，流出的速度（或流量）与出口距水面的相对高度有关，H 越大，速度越大；速度还与阻力有关，阻力损失越大，速度越小。

列 1—2 处的 Bernoulli 方程，则

$$p_a = p_2 + h\gamma + \frac{w^2}{2g}\gamma + \left(\lambda \frac{l_1}{d} + \Sigma\zeta_1 \right) \frac{w^2}{2g}\gamma$$

$$p_a - p_2 = h\gamma + \left(1 + \lambda \frac{l_1}{d} + \Sigma\zeta_1 \right) \frac{w^2}{2g}\gamma$$

$$p_a - p_2 = h\gamma + \frac{1 + \lambda \dfrac{l_1}{d} + \Sigma\zeta_1}{1 + \lambda \dfrac{l}{d} + \Sigma\zeta} H\gamma \tag{4-2}$$

可见，h 和 H 越大，$p_a - p_2$ 越大，即 p_2 越小，且 γ 越大，p_2 也越小，这里的 $p_a - p_2$ 被称为虹吸抽力，通过此抽力，使水不断吸出水池。

烟气一般要比空气轻，在空气中，烟气有自然上升的趋势，这样就可视排烟系统（图 4-1（b））为倒置的虹吸管，但其内流动着烟气（比空气轻），因此也能像虹吸管那样将烟气不断排出。烟囱越高排烟能力就越强。

4.1.1.2 连通器原理

如图 4-2 所示，Ⅱ—Ⅱ面与烟囱连接，Ⅰ面与大气相通，大气重度为 γ_0，设想炉头有一个与烟囱高度相同高度的气柱，形成一假想连通器。

左面（Ⅰ面）受到的压力为 $p_1 = p_a + H\gamma_0$

右面（Ⅱ—Ⅱ面）受到的压力为 $p_2 = p_a + H\gamma_t$

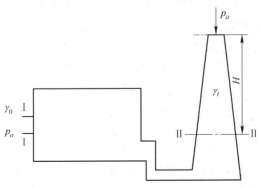

图 4-2　烟道连通原理图

两面底部的压差为 $\Delta p = p_1 - p_2 = H(\gamma_0 - \gamma_t)$，$\gamma_0 > \gamma_t$，则 $\Delta p > 0$，是从左推向右的压力。排烟系统就是靠 Δp 这种压力不断将烟气通过烟囱排出。

4.1.2　烟囱排烟能力

如图 4 - 3 所示，列 0—0 至 Ⅱ—Ⅱ 面的 Bernoulli 方程（双流体方程）为

$$\Delta p_2 + \frac{w_{t_2}^2}{2g}\gamma_{t_2} = \Delta p_0 + H(\gamma_t - \gamma_0) + \frac{w_{t_0}^2}{2g}\gamma_{t_0} + h_{烟}$$

$$\Delta p_2 = H(\gamma_t - \gamma_0) + \left(\frac{w_{t_0}^2}{2g}\gamma_{t_0} - \frac{w_{t_2}^2}{2g}\gamma_{t_2}\right) + h_{烟} \qquad (4-3)$$

式中，$h_{烟}$ 为 Ⅱ—Ⅱ 面至 0—0 面烟气流动过程的阻力损失，一般 $\Delta p_2 < 0$。

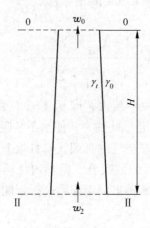

图 4 - 3　烟囱排烟图

说明：

（1）抽烟能力大小主要取决于烟囱高度 H，H 越大，$h_{抽}$ 越大，一般每 10m 高可造成 50 ~ 80Pa 抽力。

（2）抽烟能力还与重度差（$\gamma_0 - \gamma_t$）相关，即烟囱内烟气温度越高，抽力 $h_{抽}$ 越大，另外在烟囱一定时，大气温度也影响抽力，这就是烟囱冬季比夏季排烟能力强的原理。

（3）抽力 $h_{抽}$ 还与动头增量 $\left(\dfrac{w_{t_0}^2}{2g}\gamma_{t_0} - \dfrac{w_{t_2}^2}{2g}\gamma_{t_2}\right)$ 相关，增量越大抽力越小，因此烟囱出口直径越大越好（最好形成筒形和扩张形）。

（4）抽力 $h_{抽}$ 还受烟囱阻力损失量的影响，阻力损失 $h_{烟囱}$ 越小，抽力越大，一般为减小损失，可增加直径或采取减小阻力系数等措施。

4.1.3 排烟系统需要烟囱的排烟能力

设烟囱的抽力可达到炉尾，如图 4 - 4 所示 I — I 至 II — II 面的双流体 Bernoulli 方程：

$$\Delta p_1 - h(\gamma_0 - \gamma_{t_1}) + \frac{w_{t_1}^2}{2g}\gamma_{t_1} = \Delta p_2 + \sum h_{失1-2} + \frac{w_{t_2}^2}{2g}\gamma_{t_2}$$

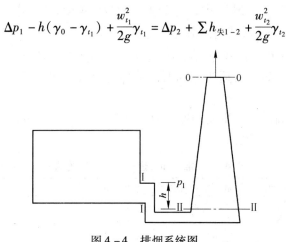

图 4 - 4　排烟系统图

设 I — I 面很大，且与大气相通（微压），则 $\frac{w_{t_1}^2}{2g}\gamma_{t_1} \approx 0$，$\Delta p_1 \approx 0$，有

$$-\Delta p_2 = h(\gamma_0 - \gamma_{t_1}) + \sum h_{失1-2} + \frac{w_{t_2}^2}{2g}\gamma_{t_2} \qquad (4-4)$$

式中，$h(\gamma_0 - \gamma_{t_1})$ 为几何压力（阻力）；$\sum h_{失1-2}$ 为沿程总的阻力损失；$\frac{w_{t_2}^2}{2g}\gamma_{t_2}$ 为烟道底部所要求的动头。

说明：烟囱抽力要求克服烟道内总的阻力损失、几何压头损失及支付烟道底部所要求的动头之总和。

4.1.4　烟囱高度

根据能量的平衡原理，即烟囱造成的排烟能力 $h_{抽}$ 应等于所需要的抽力（克服阻力），合并式（4 - 3）和式（4 - 4），有

$$H(\gamma_0 - \gamma_t) - \left(\frac{w_{t_0}^2}{2g}\gamma_{t_0} - \frac{w_{t_2}^2}{2g}\gamma_{t_2}\right) - h_{烟囱} = h(\gamma_0 - \gamma_{t_1}) + \sum h_{失1-2} + \frac{w_{t_2}^2}{2g}\gamma_{t_2}$$

$$(4-5a)$$

式中，$h_{烟囱} = \lambda \dfrac{H}{D_{平}} \dfrac{w^2}{2g}\gamma_t$。

将 $h_{烟囱}$ 代入式（4 - 5a），可得到烟囱高度

$$H = \frac{h(\gamma_0 - \gamma_{t_1}) + \sum h_{失1-2} + \frac{w_{t_0}^2}{2g}\gamma_{t_0}}{(\gamma_0 - \gamma_t) - \frac{\lambda}{D_平}\frac{w^2}{2g}\gamma_t} \tag{4-5b}$$

式（4-5a）及式（4-5b）中，γ_0 为大气的当地重度，N/m^3；γ_{t_1} 为 h 段的平均烟气重度，N/m^3；γ_{t_2} 为烟囱底部的烟气重度，N/m^3；γ_t 为烟囱内烟气的平均重度，N/m^3；w 为烟囱内平均流速，m/s；$D_平$ 为烟囱上下口的平均直径，m。

设计烟囱高度时，可适当增加所需抽力的 20%～25%，但增加的高度一般不超过 5m。

在计算烟囱高度时，重要的参数为烟气温度的变化，一般对较为严密的烟道可参考表 4-1 给出的数据。

表 4-1　烟囱和烟道内每米长度的温降　　　　　　　　　（℃/m）

温　度	地上烟囱	底下绝对烟道	地下烟道	烟　囱
200～300℃	1.5	1.5	2.5	
300～400℃	2	3	4.4	
400～500℃	2.5	3.5	5.5	
500～600℃	3	4.5	7	（砌砖）1（混凝土）0.1～0.3（铁）2
600～700℃	3.5	5.5	10	
700～800℃	4			
800～1000℃	4.5			

4.2　烟囱的设计计算

烟囱的设计计算一般分为两步：第一步，计算出来烟道等排烟系统的阻力；第二步，根据计算出的阻力计算出烟囱高度。

图 4-5 所示为某厂加热炉的排烟系统图，已知：废气量（标态）为 $Q = 23467m^3/h$，废气重度（标态）为 $\gamma = 1.28 \times 9.81 N/m^3$，废气出炉温度为 $t_g = 800℃$，炉尾炉膛截面积为 $3.55 \times 1.6 m^2$，则排烟系统的阻力损失如下：

（1）炉尾竖直烟道内的阻力损失。

1）炉尾的炉膛截面上的流速（标态）：

$$w_A = \frac{Q}{F} = 23467/3600 \times 3.55 \times 1.6 = 1.148(m/s) \approx 1.15(m/s)$$

2）竖直烟道的沿程阻力：

设废气在竖直道中流速

$$w_{AB} = 2.5(m/s)（标态）$$

竖直烟道（设为 3 个孔）面积

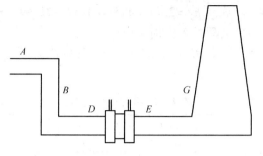

图 4 - 5   某厂加热炉排烟系统图

$$F = Q/w_{AB} = 23467/3600 \times 2.5 = 2.61(\text{m}^2)$$

一个竖烟道面积为

$$f = F/3 = 0.87(\text{m}^2)$$

取烟道尺寸长宽高分别为

$$a = 1.0\text{m}; \ b = 0.87\text{m}; \ H = 2.5\text{m}$$

烟道的当量直径

$$d_0 = \frac{4f}{s} = \frac{4 \times 0.87}{2 \times (1 + 0.87)} = 0.03(\text{m})$$

竖烟道沿程阻力

$$h_{f_{AB}} = 0.05 \frac{L}{d_0} \frac{w_{AB}^2}{2g} \gamma (1 + \beta t)$$

$$h_{f_{AB}} = 0.05 \times \frac{2.5}{0.93} \times \frac{2.5^2}{2 \times 9.81} \times 1.28 \times 9.81 \times \left(1 + \frac{800}{273}\right) = 2.11(\text{Pa})$$

3）A 处的 90°转弯（取 $k = 1.3$）：

$$h_{jA} = 1.3 \times \frac{1.15^2}{2} \times 1.28 \times \left(1 + \frac{800}{273}\right) = 4.32(\text{Pa})$$

4）速度改变造成的局部阻力（突然收缩）：

$$F_{AB}/F_A = 0.87 \times 1.0 \times 3/3.55 \times 1.6 = 0.46(k \text{ 取 } 0.3)$$

$$h_{jA}' = 0.3 \times \frac{2.5^2}{2} \times 1.28 \times \left(1 + \frac{800}{273}\right) = 4.72(\text{Pa})$$

5）克服几何压头损失：

$$h_g = H\left(\gamma_0 \frac{1}{1 + \beta t_0} - \gamma \frac{1}{1 + \beta t}\right)$$

$$= 2.5 \times \left(129 \times 981 \times \frac{1}{1 + \frac{20}{273}} - 12.8 \times 981 \times \frac{1}{1 + \frac{800}{273}}\right) = 21.49(\text{Pa})$$

则在竖烟道总的阻力损失为

$$h_{AB} = h_{fAB} + h_{jA} + h'_{jA} + h_g = 2.11 + 4.32 + 4.72 + 21.49 = 32.64 (\text{Pa})$$

（2）BD、DE、EG 各段的阻力损失计算。

用同样的方法可计算出 BD 段，DE 段，EG 段的阻力损失（略去中间计算过程）见表 4-2。

表 4-2　各段阻力损失

段别	截面积 /m²	长度 /m	速度 /m·s⁻¹	温度 t /℃	h_f /Pa	h_{j1} /Pa	h_{j2} /Pa	h_{j3} /Pa	h_w /Pa
AB 段	$1.0 \times 0.87 \times 3$	2.5	2.5	800	2.11	4.32	4.72	21.49	11.55
BD 段	1.0×2.3	4.0 + 5.0	2.5	700	4.91	20.44	9.32		34.67
DE 段	换热器		4.2	3.0	548				27.82
EG 段	1.0×2.3	5.0 + 2.3	2.5	350	3.59	24.01	4.80	18.99	47.80
Σ					10.61				121.44

注：括号中的值为几何压头值，求计入阻力损失。

（3）烟囱计算。

烟囱所需的抽力应给予适当的余量，因此将阻力和几何压头之和量增大 25%，即

$$h_{抽} = (121.44 + 21.49) \times 1.25 = 178.66 (\text{Pa})$$

设烟囱的出口气流速度（标态）为 $W_{t_0} = 2.5 \text{m/s}$，则出口截面积为

$$f_1 = Q/W_0 = 23467/2.5 \times 3600 = 2.61 (\text{m}^2)$$

可求得出口直径

$$d_1 = \sqrt{\frac{4f_1}{\pi}} = \sqrt{\frac{4 \times 2.61}{\pi}} = 1.82 (\text{m})$$

$$d_2 = 1.5 d_1 = 1.5 \times 1.82 = 2.73 (\text{m})$$

平均直径

$$D_{平} = \frac{1}{2}(d_1 + d_2) = \frac{1}{2} \times (1.82 + 2.73) = 2.28 (\text{m})$$

烟囱底部的气流速度

$$w_{t_2} = Q/\left(4 \frac{d_2^2}{\pi}\right) = 0.69 (\text{m/s})$$

烟囱内平均速度

$$w = \frac{1}{2}(w_{t_2} - w_{t_0}) = \frac{1}{2}(0.69 + 2.5) = 1.59 (\text{m/s})$$

假设烟囱高为 30m，按每米高降温 1℃计算，烟囱底部温度 $t_2 = 344℃$，则出口处的温度

$$t_0 = 344 - 30 \times 1 = 314 (℃)$$

烟囱内的平均温度

$$t = \frac{1}{2}(314 + 344) = 329\,℃$$

不同温度烟气重度由

$$\gamma_t = \gamma_0 (1 + \beta t)^{-1}$$

不同温度空气和烟气的重度计算，结果见表 4 – 3。

表 4 – 3　不同温度空气和烟气的重度计算结果

项　目	空　气	出口烟气	底部烟气	平均烟气
温度/℃	20	314	344	329
重度/N·m^{-3}	11.79	5.84	5.56	5.69

由式（4 – 5）计算出烟囱高度

$$H = \frac{178.66 + \frac{2.5^2}{2 \times 9.81} \times 5.84 \times \left(1 + \frac{314}{273}\right)^2}{(11.79 - 5.69) - \frac{0.05}{2.28} \times \frac{1.59^2}{2 \times 9.81} \times 5.69 \times \left(1 + \frac{329}{273}\right)^2} = 31.1\,(m)$$

可见，计算高度与假设相差很小，不必重算，取 $H = 32\,(m)$，若计算高度与假设高度不相符，需重新计算。

4.3　机械动力排烟系统

机械排烟新方法可大致分为两种：一种是直接式机械排烟，直接式排烟采用排烟机；另一种是间接式机械排烟，间接式机械排烟采用喷射器。

4.3.1　直接式机械排烟

使用排烟机，可选用标准产品，其使用温度 $t_烟 \leqslant 200\,℃$，最大不得超过 $250\,℃$，对 $t_烟 > 250\,℃$ 时，应兑冷空气后才能使用。

烟气中含尘量较大时，对排烟机片叶的磨损较严重，因此需要增加相适应的除尘措施。

标准产品排烟机特性见表 4 – 4。

表 4 – 4　标准产品排烟机特性指标

介质温度/℃	介质密度/kg·m^{-3}	大气压力/kPa	外界温度/℃	流　量	压　力
200	0.745	101.325	20	（标定）	（标定）

4.3.2　间接式机械排烟

间接式机械排烟使用喷射器，喷射器常用介质为蒸汽，由压缩空气和通风机送风，其排烟温度不受限制，但动力消耗一般为排烟机的 1.5～2.0 倍。

喷射器通常用于有间歇式操作的炉子排烟，也可用来增大烟囱的抽力，以补充烟囱抽力的不足（在高产时）。

喷射器的设计计算方法已在第 3 章讲过，不再重复。

自然排烟方法与机械动力排烟方法比较见表 4-5。

表 4-5　自然排烟、排烟机排烟及喷射器排烟比较

排烟方式	自然排烟	排烟机排烟	喷射器排烟
产生抽力大小	不大	大	较大
对烟温要求	较高	<200℃	不限
产生抽力快慢	较慢	快	快
基建投资费用	高	低	低（尤其用蒸汽网）
生产费用	不耗动力	耗动力	耗动力比排烟机多 1.5～2 倍
维修工作	不需维修	定期维修	维修工作不多
占地面积	大	较小	小
除尘设备	可用阻力小设备	可用阻力较大设备	可用阻力稍大的设备

图 4-6 所示为某厂的喷射排烟系统图。

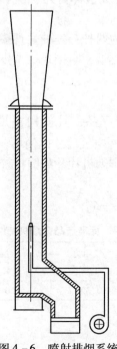

图 4-6　喷射排烟系统

5　泵　与　风　机

泵与风机是利用外加能量输送流体的机械。根据风机和泵的原理，通常分类为：

（1）容积式：机械内部的工作容积不断发生变化，从而吸入和排出流体，具体有以下几种：

1）往复式：活塞往复运动使缸内容积反复变化，如蒸汽活塞泵；

2）回转式：转子转动时，转子与机壳之间的工作容积发生变化，如齿轮泵、罗茨鼓风机、滑板泵。

（2）叶片式：通过叶轮的旋转对流体做功，具体有以下几种：

1）离心泵与风机；2）混流式泵与风机；3）轴流式泵与风机。

（3）其他类型的泵与风机，如引射器、旋涡泵、真空泵等。

5.1　离心式泵与风机的理论基础

离心式风机叶片形状如图 5-1 所示。

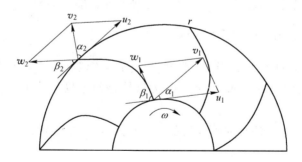

图 5-1　离心式风机叶片形状及速度矢量

5.1.1　功能性能参数

（1）泵的扬程及风机的压头 p。

泵的扬程指单位重量流体从进口至出口的能量增量，单位为 m，设入口为 1 截面，出口为 2 截面，则

$$H_1 = z_1 + \frac{p_1}{\gamma} + \frac{w_1^2}{2g}$$

$$H_2 = z_2 + \frac{p_2}{\gamma} + \frac{w_2^2}{2g}$$

$$H = H_2 - H_1 = (z_2 - z_1) + \frac{p_2 - p_1}{\gamma} + \frac{w_2^2 - w_1^2}{2g} \tag{5-1}$$

风机的压头 p 是指单位体积气体从进口至出口的能量增量，单位为 Pa。

$$p = \gamma H \tag{5-1a}$$

式中，H 为相当于空气的扬程。

（2）流量 Q。

流量是指单位时间内泵或风机输送流体的体积量，单位为 m^3/s 或 m^3/h。

（3）功率及效率。

泵和风机的功率一般指输入功率，即轴功率用 N 表示，单位 W 或 kW；泵和风机输出功率称为有效功率，表示为 N_e，即

$$N_e = \gamma Q H = pQ \tag{5-2}$$

输入功率被流体的利用程度称为泵或风机的效率

$$\eta = \frac{N_e}{N} \times 100\% \tag{5-2a}$$

泵和风机的效率，一般由实验确定。

（4）转速 n。

转速 n 一般是指泵或风机叶轮的每分钟转速，即 r/min。

5.1.2　离心式泵与风机的基本方程

（1）如图 5-1 所示，当叶轮转动时，流体通过叶片从 1 至 2 获得能量。图中，u_1，u_2 为圆周速度，m/s；v_1，v_2 为气体绝对速度，m/s；w_1，w_2 为相对速度，m/s。

速度 u 与 v 的夹角称为叶片的工作角；速度 u 延长线与 w_2 的夹角称为叶片的安装角。

（2）Euler 方程。根据动量矩原理：质点系对某轴动量矩对时间的变化率等于作用于该质点的外力对该轴的力矩。设流体为理想流体，且叶片为无限多，则进口处每秒动量矩为 $\rho Q v_1 \cos\alpha_1 r_1$；出口处每秒动量矩为 $\rho Q v_2 \cos\alpha_2 r_2$，动量矩变化率为

$$\rho Q (r_2 v_2 \cos\alpha_2 - r_1 v_1 \cos\alpha_1)$$

根据动量矩定理有

$$M = \rho Q (r_2 v_2 \cos\alpha_2 - r_1 v_1 \cos\alpha_1)$$

而动量矩和功率之间关系为:

$$N = M\omega$$

$$N = M\omega = \gamma QH_\infty = \rho Q(u_2 v_2 \cos\alpha_2 - u_1 v_1 \cos\alpha_1)$$

$$H_\infty = \frac{1}{g}(u_2 v_2 \cos\alpha_2 - u_1 v_1 \cos\alpha_1) \qquad (5-3)$$

式(5-3)即为 Euler 方程,由式可见:1)理想扬程 H_∞ 仅与进、出口处的速度有关,与流动过程无关;2)理想扬程 H_∞ 与流体的种类无关。

(3)有限叶片的修正。若用有限叶片,则需对理想扬程进行修正。叶片有限,则叶片约束相对小了,即扬程有所降低。原因:可产生相对涡流,使叶片上流速不匀,消耗能量,Euler 方程可用小于 1 的涡流修正系数 k 来联系,即:

$$H' = kH_\infty = \frac{k}{g}(u_2 v_2 \cos\alpha_2 - u_1 v_1 \cos\alpha_1) \qquad (5-3a)$$

式中 $k = 0.78 \sim 0.85$;H' 为理论扬程,m。

或将 k 含在括号内写为:

$$H' = \frac{1}{g}(u_2' v_2' \cos\alpha_2 - u_1' v_1' \cos\alpha_1) \qquad (5-3b)$$

(4)H' 的组成。由三角形余弦定理可知:

$$w_2'^2 = u_2'^2 + v_2'^2 - 2u_2' v_2' \cos\alpha_2$$

$$w_1'^2 = u_1'^2 + v_1'^2 - 2u_1' v_1' \cos\alpha_1$$

代入 Euler 方程有:

$$H' = \frac{u_2'^2 - u_1'^2}{2g} + \frac{w_1'^2 - w_2'^2}{2g} + \frac{v_2'^2 - v_1'^2}{2g} \qquad (5-4)$$

1)右边第三项称为动压头增量,用 H_d' 表示。

$$H_d' = \frac{v_2'^2 - v_1'^2}{2g}$$

其余两项称静压水头增量,用 H_j' 表示。

$$H_j' = \frac{u_2'^2 - u_1'^2}{2g} + \frac{w_1'^2 - w_2'^2}{2g} = \frac{p_2 - p_1}{\gamma}$$

2)右边第一项是单位重力流体在叶轮旋转时产生的离心力做功。

$$A = \int dA = \int_{r_1}^{r_2} \frac{1}{g}\omega^2 r dr = \frac{1}{2g}(\omega^2 r_2^2 - \omega^2 r_1^2) = \frac{u_2'^2 - u_1'^2}{2g}$$

3)右边第二项是静压水头增量,是动能转为静压能的份额(一般此项较小)。

5.1.3 叶型影响

当进口工作角 $\alpha_1 = 90°$ 时,H' 最大,因此写为

$$H' = \frac{1}{g} u_2 v_2 \cos\alpha_2 \qquad\qquad (5-5)$$

在保证流体径向流入叶片后（$\alpha_1 = 90°$），理论压头 H' 与安装角 β_2 有关：

由图 5-2 所示的几何关系：

$$v_2 \cos\alpha = u_2 - v_{r_2} \cot\beta_2$$

则有

$$H' = \frac{1}{g}(u_2^2 - u_2 v_{r_2} \cot\beta_2) \qquad\qquad (5-5a)$$

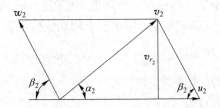

图 5-2 速度示意图

在设备一定、转速一定的条件下（u_2 为定值）此时 β_2 对 H' 有直接影响。
如图 5-3 所示：

当 $\beta_2 = 90°$时，$\cot\beta_2 = 0$，这时 $H' = \frac{1}{g} u_2^2$，这种叶片称为径向叶型。

当 $\beta_2 < 90°$时，$\cot\beta_2 > 0$，这时 $H' < \frac{1}{g} u_2^2$，这种叶片称为后向叶型。

当 $\beta_2 > 90°$时，$\cot\beta_2 < 0$，这时 $H' > \frac{1}{g} u_2^2$，这种叶片称为前向叶型，可见：
前向叶型的 H' 较高。

但 H' 中有动压头的静压头分配问题，如图 5-4 所示。

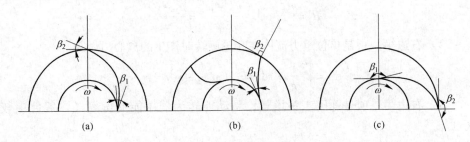

图 5-3 离心式风机叶型

(a) 径向叶型；(b) 后向叶型；(c) 前向叶型

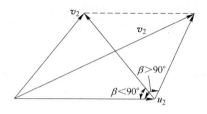

图 5 - 4　速度矢量图

设计中，当进口 $\alpha_1 = 90°$ 时，前向叶型风机 $H'_d = \dfrac{v_2^2 - v_1^2}{2g}$，在转速一定及设备一定的情况下 v_1 为定值，而 v_2 较大；后向叶型 v_2 较小。

因此，其动压头前向叶型较大，则流体在扩压器中的流速大，动静压转换的损失较大，其效率较低，一般采取后向叶型风机。

5.1.4　理论的 $Q' - H'$ 曲线和 $Q' - N'$ 曲线

从 Euler 方程出发，可得无损失条件下的 $Q - H$ 及 $Q - N$ 关系，设叶片叶轮宽为 b_2，则排出的理论流量为

$$Q' = \sum \pi D_2 b_2 v_{r_2}$$

式中，$\sum$ 为叶片挤压系数，它反映叶片厚对流道的遮挡程度；D_2 为叶片外缘旋转直径，m。

将 $v_{r_2} = \dfrac{Q'}{\sum \pi D_2 b_2}$ 代入式（5 - 5a），得

$$H' = \frac{1}{g}\left(u_2^2 - u_2 \frac{Q'}{\sum \pi D_2 b_2} \cot\beta_2 \right)$$

式中，令 $\dfrac{u_2^2}{g} = A$，$\dfrac{u_2}{g \sum \pi D_2 b_2} = B$。

有 $$H' = A - B\cot\beta_2 Q' \tag{5 - 6}$$

这说明固定转速、固定设备时，H' 与 Q' 是线性的（见图 5 - 5）。

在无损失条件下： $$N_e = N' = \gamma Q' H'$$
$$N' = \gamma Q'(A - B\cot\beta_2 Q') \tag{5 - 7}$$

可见：N' 与 Q' 的关系为二次曲线（见图 5 - 6），因此前向叶型改变流量时功率变化很大，不可取。

5.1.5　泵与风机的实际性能曲线

通常泵与风机在机内都有损失项，机内损失一般可分为 3 种（见图 5 - 7）：水力损失、容积损失、机械损失。

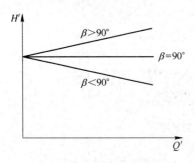
图 5 - 5　理论 $Q' - H'$ 曲线

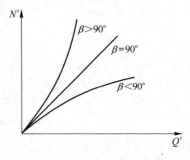
图 5 - 6　理论 $Q' - N'$ 曲线

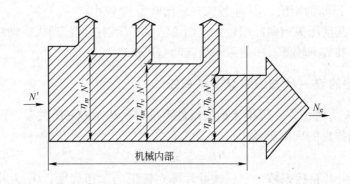

图 5 - 7　泵或风机功率损失

5.1.5.1　水力损失

发生的机内损失有以下几种:

（1）进口损失（ΔH_1），摩擦及直角弯一般较小。

（2）撞击损失（ΔH_2），比设计流量有所减小，即相对速度不与安装角的切向一致，ΔH_2 与实际流量和设计流量之差的平方成正比。

（3）水力（叶轮）损失（ΔH_3），主要是指叶轮摩擦损失及叶轮局部阻力损失，水力损失随流量变化关系如图 5 - 8 所示。

（4）动压转换及机壳出损失（ΔH_4），总水力损失 $\sum \Delta H = \Delta H_1 + \Delta H_2 + \Delta H_3 + \Delta H_4$，设计流量 Q_d 下，其撞击阻力损失为最小。

（5）水力损失大小用效率来估算（η_h）。

$$\eta_h = \frac{H' - \sum \Delta H}{H'} \times 100\% = \frac{H}{H'} \times 100\%$$

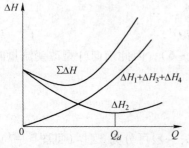

图 5 - 8　水力损失随流量变化关系

（5 - 8）

式中，H 为泵与风机的实际扬程，m。

5.1.5.2 容积损失

机械间隙泄漏（高低压区的压差所致）回流量造成容积损失，用容积效率 η_v 表示容积损失的大小。

$$\eta_v = \frac{Q' - q}{Q'} \times 100\% = \frac{Q}{Q'} \times 100\% \qquad (5-9)$$

式中，Q' 为理论流量，m³/h；Q 为实际流量，m³/h；q 为泄漏总回流量，m³/h。

5.1.5.3 机械损失

机械损失主要是机械部分的摩擦损失。

机械损失功率 ΔN_m 可表示为

$$\Delta N_m = \Delta N_1 + \Delta N_2$$

式中，ΔN_1 为轴承摩擦损失，$\Delta N_1 = (0.01 \sim 0.03)N$；$\Delta N_2$ 为泵与圆盘（流体）磨损，$\Delta N_2 = kn^3 D_2^5$。

机械效率表示为

$$\eta_m = \frac{N - \Delta N_m}{N} \times 100\% \qquad (5-10)$$

5.1.5.4 泵与风机的全效率

只考虑机械效率时 $\qquad N = \dfrac{\gamma Q'H'}{\eta_m}$

而实际有效功率为 $\qquad N_e = \gamma QH$

全效率可写成 $\qquad \eta = \dfrac{N_e}{N} = \dfrac{\gamma QH}{\gamma Q'H'} \eta_m = \eta_v \eta_h \eta_m$

5.1.5.5 泵与风机的性能曲线

综合沿程和局部阻力损失、机内流体撞击损失及射流回流损失（q 与 H 平方根成正比），得到实际的 $Q-H$ 曲线如图 5-9 所示。

由 $N' = \gamma Q'H'$ 及 ΔN_m 之关系，有

$$N = N' + \Delta N_m = \gamma Q'H' + \Delta N_m \qquad (5-11)$$

根据式（5-11），可绘得 $Q-N$ 曲线，如图 5-10 所示。

有了 $Q-H$ 曲线和 $Q-N$ 曲线，可按

$$N = \frac{QH\gamma}{\eta}$$

绘得 $Q-\eta$ 曲线（见图 5-11）。

3 条曲线可反映泵与风机的基本性能，但最重要的是 $Q-H$ 曲线。

按 $Q-H$ 线形可分为平坦型、陡降型、驼峰型三种线形（见图 5-12）。

一般泵与风机的性能曲线是生产厂家出厂时根据实验测得的。

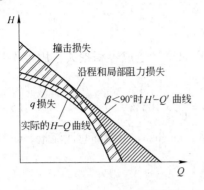

图 5 – 9　实际 Q – H 曲线的来源

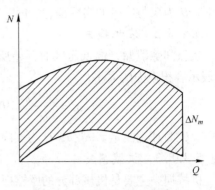

图 5 – 10　实际 Q – N 曲线

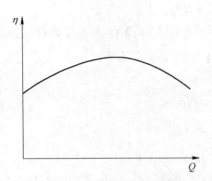

图 5 – 11　实际 Q – η 曲线

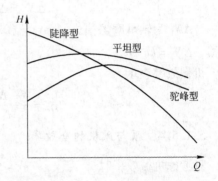

图 5 – 12　不同类型的 Q – H 曲线

5.1.6　相似律和比转数

5.1.6.1　泵与风机的相似律

若两泵与风机在性能曲线上的某工况点（A 和 A' 点）所对应的流体运动相似，也就是相应的速度三角形相似，则 A 和 A' 两个工况为相似工况，在相似工况下，两泵或风机有如下关系（设两机分别为 n，m）。

（1）流量关系

$$\frac{Q_n}{Q_m} = \frac{\eta_{vn} \sum_n \pi D_{2n} b_{2n} u_{r2n}}{\eta_{vm} \sum_m \pi D_{2m} b_{2m} v_{r2m}} = \frac{n_n}{n_m}\left(\frac{D_{2n}}{D_{2m}}\right)^3 = \lambda_e^3\left(\frac{n_n}{n_m}\right) \tag{5 – 12}$$

式中，考虑两机介质一样，且尺寸差不多，即 $\eta_{vn} = \eta_{vm}$，$\sum_n = \sum_m$，

$$\frac{b_{2n}}{b_{2m}} = \frac{D_{2n}}{D_{2m}}, \quad \frac{D_{r2n}}{D_{r2m}} = \frac{u_{2n}}{u_{2m}} = \frac{\pi D_{2n} n_n}{\pi D_{2m} n_m}$$

（2）扬程关系

$$\frac{H_n}{H_m} = \frac{\eta_{hn} u_{2n} v_{u2n}}{\eta_{hm} u_{2m} v_{u2m}} = \left(\frac{n_n}{n_m}\right)^2\left(\frac{D_{2n}}{D_{2m}}\right)^2 = \lambda_e^2\left(\frac{n_n}{n_m}\right)^2 \tag{5 – 13}$$

或
$$\frac{p_n}{p_m} = \frac{\rho_n}{\rho_m} \lambda_e^2 \left(\frac{n_n}{n_m}\right)^2 \qquad (5-13\text{a})$$

（3）功率关系

$$\frac{N_n}{N_m} = \frac{\gamma_n Q_n H_n}{\gamma_m Q_m H_m} \frac{\eta_m}{\eta_n} = \lambda_e^5 \frac{\rho_n}{\rho_m} \left(\frac{n_n}{n_m}\right)^3 \qquad (5-14)$$

5.1.6.2 相似律的实际应用

（1）当流体密度改变时性能参数的换算。

一般风机铭牌标定的条件是 $P_a = 1.01325 \times 10^5 \text{Pa}$，$t_0 = 20℃$，相对湿度为 50%，而在实际工作中，空气的压力（当地大气压）和湿度都是变化的，因此风机性能会发生变化。

对同一风机，尺寸转速不变时，设 0 状态为标准状态，则风机的性能为

$$\frac{\rho}{\rho_0} = \frac{B}{1.01325 \times 10^5} \frac{273 + t_0}{273 + t} \qquad (5-15\text{a})$$

$$\frac{Q}{Q_0} = 1 \qquad (5-15\text{b})$$

$$\frac{N}{N_0} = \frac{\rho}{\rho_0} = \frac{B}{1.01325 \times 10^5} \frac{273 + t_0}{273 + t} \qquad (5-15\text{c})$$

式中，B 为当地大气压，Pa；t 为当地温度，℃。

（2）当转速改变时性能参数的换算。

当实际运行转数 n 与标定转数 n_m 不同时

$$\frac{Q}{Q_m} = \frac{n}{n_m} \qquad (5-16\text{a})$$

$$\frac{H}{H_m} = \left(\frac{n}{n_m}\right)^2 , \quad \frac{p}{p_m} = \frac{\rho}{\rho_m} \left(\frac{n}{n_m}\right)^2 \qquad (5-16\text{b})$$

$$\frac{N}{N_m} = \left(\frac{n}{n_m}\right)^3$$

$$\frac{Q}{Q_m} = \sqrt{\frac{H}{H_m}} = \sqrt[3]{\frac{N}{N_m}} \qquad (5-17)$$

（3）性能曲线的换算。

若已知有一泵或风机，叶轮直径为 D_{2m}，转速为 n_m，这样即可换算出同一系列另一台泵或风机的性能曲线，即已知曲线 1，在任一点 A 用式

$$\frac{Q}{Q_m} = \lambda_e^3 \left(\frac{n}{n_m}\right) \text{和} \frac{H}{H_m} = \lambda_e^2 \left(\frac{n}{n_m}\right)^2$$

算出对应点 A'，然后用同样的方法算出 B'，C'，…，连接各点成曲线 2，即为另一台泵与风机的 $Q-H$ 曲线（见图 5-13）。

同理，也可以换算出 $Q-N$ 曲线及 $Q-\eta$ 曲线。

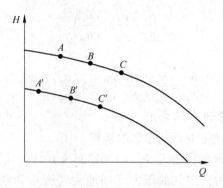

图 5 – 13   性能曲线换算

5.2   离心式泵与风机的运行分析

5.2.1   泵的扬程计算

（1）根据泵上表压力（p_M）和真空计读数（H_B）确定扬程列 1—1 至 2—2 面的 Bernoulli 方程，泵的扬程为

$$H = \frac{p_2 - p_1}{\gamma} + \frac{v_2^2 - v_1^2}{2g}$$

式中，

$$p_2 / \gamma = \frac{1}{\gamma}(p_M + p_a), \quad p_1 / \gamma = \frac{p_a}{\gamma} - H_B$$

则扬程（见图 5 – 14）为 $H = \dfrac{p_M}{\gamma} + H_B + \dfrac{v_2^2 - v_1^2}{2g}$

设进水口和出水口的速度相差不大，则 $\dfrac{v_2^2 - v_1^2}{2g} \approx 0$，即为

$$H = \frac{p_M}{\gamma} + H_B \qquad\qquad (5 - 18)$$

（2）泵在管网中工作所需扬程计算。

1）开式水池供水。如图 5 – 14 所示，列 0—0 面至 3—3 面的 Bernoulli 方程

$$\frac{p_a}{\gamma} + \frac{v_0^2}{2g} = \frac{p_a}{\gamma} + \frac{v_3^2}{2g} + H_z - H + h_l$$

故 $H = \dfrac{v_3^2 - v_0^2}{2g} + H_z + h_l$

式中，h_l 为全管路的阻力损失。

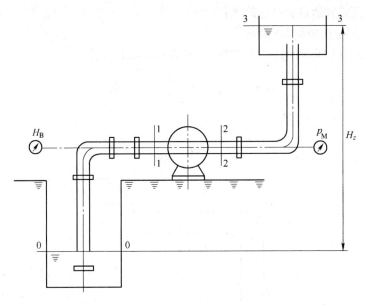

图 5 – 14　泵的扬程计算

当水面足够大时，$v_0 = v_3 = 0$，故

$$H = H_z + h_l \qquad\qquad (5-19)$$

2）向压力容器内供水。这相当于容器内 $p \neq p_a$ 的情况，此时，列 0—0 面至 3—3 面的 Bernoulli 方程经整理之后，可为

$$H = H_z + h_l + \frac{p - p_a}{\gamma}$$

3）闭合环路管网工作

$$H = h_l$$

此种情况是只消耗用于克服环路中阻力损失的动力。

5.2.2　泵的气蚀及安装高度

泵在工作时，吸入口压力很低（小于大气压），这时易出现汽化现象，例如 101. 325kPa 下水的汽化温度为 100℃，而常温下（20℃）水的汽化的压力为 0. 024 × 101. 325kPa，这个压力为汽化压力 p_v。

当泵在工作中某处的液体压力 $p_k < p_v$ 时，就形成气泡，而流至高压区时，气泡又破灭。即在局部产生高频高冲击的水击。同时，低压下水中的氧也会逸出，这些气体会腐蚀和破坏金属叶片，这种现象称为"气蚀"。

"气蚀"产生的原因有以下几点：

（1）泵安装位置过高，即几何安装高度 H_g（吸口与轴距）过大；

（2）泵安装地点大气压较低；

（3）泵输送液体温度过高。

如图 5-15 所示，列 s—s 至 0—0 面的 Bernoulli 方程

$$z_0 + \frac{p_0}{\gamma} + \frac{v_0^2}{2g} = z_s + \frac{p_s}{\gamma} + \frac{v_s^2}{2g} + \sum h_s$$

通常认为 $v_0 \approx 0$，则

$$\frac{p_0}{\gamma} - \frac{p_s}{\gamma} = H_g + \frac{v_s^2}{2g} + \sum h_s \qquad (5-20)$$

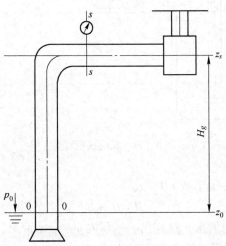

图 5-15 安装高度示意图

说明：单位重量流体的压头差等于水泵出口产生的动能与单位重量流体提升高度（安装高度）的位头及单位重量流体流动克服阻力能耗之和。

若 $p_0 = p_a$，则 $\frac{1}{\gamma}(p_0 - p_s) = H_s$，即为真空计读数（真空度），则

$$H_s = H_g + \frac{v_s^2}{2g} + \sum h_s \qquad (5-21)$$

一般泵的 $\frac{v_s^2}{2g}$ 和 $\sum h_s$ 为定值，因此 H_s 和 H_g 是线性函数关系，即安装高度越大，真空度越大。当 $H_{smax} = \frac{p_a - p_v}{\gamma}$ 时，泵内开始气蚀，因此，实际 H_s 要小于允许 H_s，用 $[H_s]$ 表示，

$$H_s \leqslant [H_s] = H_{smax} - 0.3 \qquad (5-22a)$$

因此，安装高度也有允许安装高度 $[H_g]$，即

$$H_g < [H_g] \leqslant [H_s] - \left(\frac{v_s^2}{2g} + \sum h_s\right) \qquad (5-22\text{b})$$

5.2.3　管路性能及工作点

5.2.3.1　管路性能曲线

当泵或风机与不同管路连接时，有不同的工作状态，一般在管内流动流体要克服压差和阻力。

如图 5 – 16 所示列 1—1 至 2—2 面的 Bernoulli 方程

$$\frac{p_1}{\gamma} = \frac{p_2}{\gamma} + H_z + h_{失} - H \qquad (5-23\text{a})$$

式中，H 为风机的实际扬程；$h_{失}$ 为管内的阻力损失。

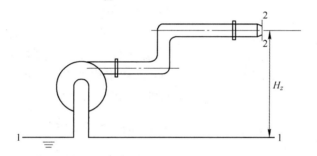

图 5 – 16　网管系统示意图

$$h_{失} = \sum (h_f + h_j) = kQ^2 \qquad (5-23\text{b})$$

$$h_{失} = \left[\left(\lambda \frac{l}{d} + \sum \zeta\right)\left(\frac{4}{\pi d^2}\right)^2 \frac{\gamma}{2g}\right]Q^2$$

整理式（5 – 23a）可得流体在管路中流动特性为

$$H = \frac{p_2 - p_1}{\gamma} + H_z + kQ^2 = H_1 + kQ^2 \qquad (5-23\text{c})$$

式中，k 为与阻力系数、流体密度及几何形状有关的系数，单位为 s^2/m^5；$H_1 = \frac{p_2 - p_1}{\gamma} + H_z$，管路两端压差及高差压头。

5.2.3.2　工作点

管路系统特性与泵或风机的特性无关，但要求用泵与风机的流量和压头来满足，如图 5 – 17 所示。

设 2 线为风机或泵特性曲线，1 线为管路的特性曲线，1 和 2 的交点 d 是风机或泵的工作点，d 点所对应的压头（水头）和流量为实际水头和流量。

5.2.3.3　稳定性

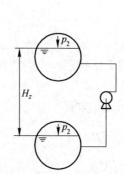

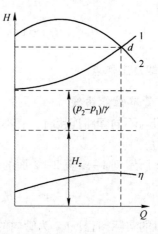

图 5-17　泵的工作点示意图

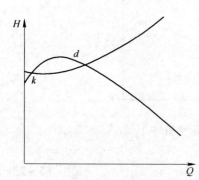

图 5-18　风机不稳定工作点示意图

泵与风机有 2 个性能特性交点，前交点 k 为不稳定工作点，后交点 d 为稳定工作点（见图 5-18）。

5.2.4　运行工况分析

5.2.4.1　两机并联运行

当需要系统增加流量时，宜采用两机并联运行（见图 5-19）的方法。

结论：

（1）$Q_{A_1} + Q_{A_2} > Q_A$，即两机并联后的风量要小于两风机单独运行的风量总和，对管道系统较为平坦曲线，并联风机更有利于增加风量。

（2）并联后的压力要高于单机压力（流量增大所致）。

（3）并联风机是否合理，应视各机的效率而定。

5.2.4.2　两机串联运行

当管路系统的性能曲线较平缓，单机不能提供所需扬程时，一般采用串联运行（见图 5-20）。

特点：通过 2 台泵或风机的流量相等（Q_B），而压头等于两风机之和 $H_B = H'_{B1} + H'_{B2}$。

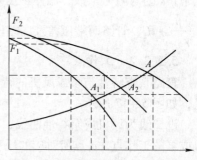

图 5-19　两机并联运行工作点确定

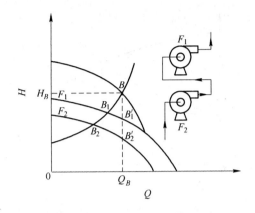

图 5 - 20　两机串联运行工作点确定

（1）效果较差；

（2）调节困难，最好以两台相同设备（泵或风机）同时运行。

5.2.5　泵或风机的工况调节

一般运行中如要进行工况调节，主要调节流量。工况调节实质是调节工作点，改变工作点也就是改变泵或风机特性曲线及管道系统性能曲线。

（1）改变管道系统性能的调节方法。常用节流法，即阀门调节法，用改变阀门开启度来改变管路阻力，这种方法简单实用，但增加管路阻力损失。

设阀门全开时，得到管路性能曲线为 C，此时，管路总阻抗为 k，流量为 Q_C，则水头损失为 kQ_C^2。

阀门关到某位时，曲线为 D，阻抗为 k'，流量为 Q_D，则水头损失为 $k'Q_D^2$，其中，管路损失只有 kQ_D^2，其余损失 $(k'-k)Q_D^2$ 为节流损失，如图 5 - 21 所示。

（2）改变泵或风机性能的调节方法。改变风机转速可改变其性能曲线，依据为

$$\frac{Q}{Q_m} = \sqrt{\frac{H}{H_m}} = \sqrt[3]{\frac{N}{N_m}} = \frac{n}{n_m}$$

设原为 H_m 曲线，n 转后变为 H 曲线，则工作点由 A 改为 D（见图 5 - 22）。改变泵与风机转速有以下几种方法：

1）改变电机转速；

2）调换皮带轮；

3）水力联轴器。

这种调节方法不增加损失，但比较麻烦。另外，还可用切削叶轮外径的

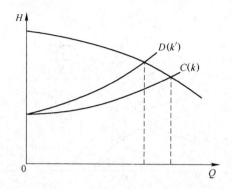

图 5 – 21   风机工作点的调节方法

方法。

（3）改变并联泵或风机台数的方法，这种方法一般与节流法相结合（见图 5 – 23）。

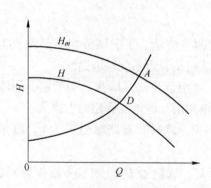

图 5 – 22   改变风机曲线调工作点

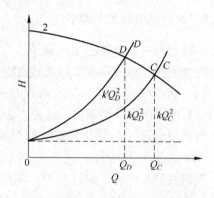

图 5 – 23   改变并联泵方法调工作点

（4）进风口安导流叶片调节。

（5）泵或风机的启动。在关闭阀门时，机器功率 $N_{Q=0}$ 值变化如下：

离心式泵或风机

$$N_{Q=0} = (30\% \sim 90\%)N（因 N 随 Q 增加而增加）$$

混流式泵

$$N_{Q=0} = (100\% \sim 130\%)N$$

轴流式泵或风机

$$N_{Q=0} = (140\% \sim 200\%)N$$

5.2.6　选用原则

（1）了解用途等原始资料；

（2）确定流量和扬程：

$$Q = 1.1Q_{\max}$$

$$H = (1.1 \sim 1.2)H_{\max}$$

（3）根据已知条件选用适当设备类型；

（4）类型确定后，按流量、扬程确定大小。

思 考 题

1. 根据工作原理泵和风机可以分为哪几类？

2. 风机（或泵）有哪些性能参数？

3. 风机（或泵）的理想扬程与哪些因素有关？

4. 理论扬程 H' 由哪几项组成，其物理意义是什么？

5. 前向型和后向型叶片有何利弊？

6. 前向、径向和后向型叶轮的风机（或泵）理论 $Q-H$，$Q-N$ 曲线如何？

7. 风机或泵的机内损失有哪些？绘出其实际性能曲线。

8. 风机（或泵）的流量、扬程、功率与叶轮径及叶轮比、转速比为何关系？

9. 何为泵的气蚀？

10. 怎样确定风机（或泵）的工作点？

11. 如何调节泵或风机的工作点？

练 习 题

1. 已知：4 – 72 – 11No6C 型风机在转速为 1250r/min 时，实测参数为 $D_2 = 0.6$m。

测点如下：

p/Pa	843	824	814	794	755	696	637	579
Q/m³·h⁻¹	5920	6640	7360	8100	8800	9500	10250	11000
N/kW	1.69	1.77	1.86	1.96	2.03	2.08	2.12	2.15

求：（1）各点的全效率；

（2）绘出性能曲线图；

（3）写出铭牌号。

2. 在计算 1 题之后，根据计算结果计算 4 – 72 – 11No5A 型风机（$D_2 = 0.5$m）在 $n = 2900$r/min 时的各参数，并绘出性能曲线。

3. 某单吸泵流量 $Q = 0.0735$m³/s，扬程 $H = 14.65$m，用电机由皮带拖动，测得 $n = 1420$r/min，

$N = 3.3\mathrm{kW}$，后改为电机直接联动，n 增大至 $1450\mathrm{r/min}$，试求此时泵的工作参数各为多少？

4. 已知要求泵满足 $H = 176\mathrm{m}$，$Q = 8.16\mathrm{m^3/h}$，试求该泵所需的轴功率。（$D_2 = 254\mathrm{mm}$，$\eta_h = 92\%$，$\eta_v = 90\%$，$\eta_m = 95\%$，$n = 1440\mathrm{r/min}$）

5. 如图 5 - 24 所示，泵从低水箱送 $\gamma = 9800\mathrm{N/m^3}$ 的液体，如图 5 - 24 所示，m_1、m_2 分别为两压力表的表压力，试求泵所需轴功率为多少？（$x = 0.1\mathrm{m}$，$m_1 = 12.4 \times 10^4\mathrm{Pa}$，$m_2 = 102.4 \times 10^4\mathrm{Pa}$）

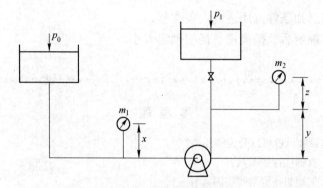

图 5 - 24　泵送水原理图

6 管嘴流出和波

6.1 不可压缩气体的流出

6.1.1 通过孔隙流出

设有一容器，内有压力，若有一孔隙如图 6-1 所示：1 面压力 p_1，速度 w_1；c 面压力为 $p_c = p_0$，流速为 w_c；

$$p_1 + \frac{w_1^2}{2g}\gamma = p_0 + \frac{w_c^2}{2g}\gamma$$

由于 $w_1 \ll w_c$，则 $w_c = \sqrt{\frac{2g}{\gamma}(p_1 - p_0)}$

其流量可写成：$Q = A_c w_c = A_c \sqrt{\frac{2g}{\gamma}(p_1 - p_0)}$

这里 $A_c < A_0$，且 $\frac{A_c}{A_0} = \Sigma$，Σ 称为缩流系数，则

$$Q = \Sigma A_0 \sqrt{\frac{2g}{\gamma}(p_1 - p_0)} \qquad (6-1)$$

式 (6-1) 即为理想流体流量公式。

对于黏性流体，Bernoulli 方程应为

$$p_1 + \frac{w_1^2}{2g}\gamma = p_0 + \frac{w_c^2}{2g}\gamma + k\frac{w_c^2}{2g}\gamma = p_0 + (1+k)\frac{w_c^2}{2g}\gamma \quad (6-1a)$$

$$w_c = \frac{1}{\sqrt{1+k}}\sqrt{\frac{2g}{\gamma}(p_1 - p_0)} = \varphi\sqrt{\frac{2g}{\gamma}(p_1 - p_0)} \quad (6-1b)$$

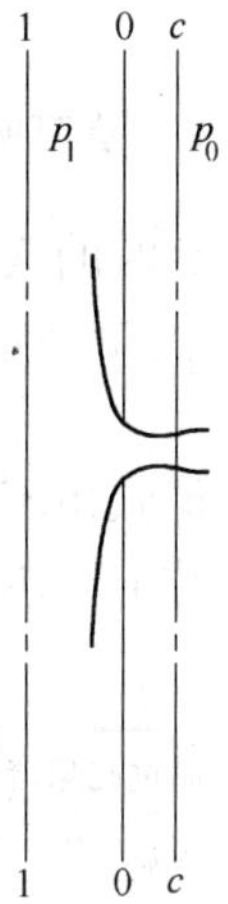

流量可为

$$Q = \Sigma\varphi A_0 \sqrt{\frac{2g}{\gamma}(p_1 - p_0)} \qquad (6-2)$$

图 6-1 不可压缩气体通过孔隙流出

式中，$\Sigma\varphi = \mu$，μ 称为流量系数，一般 μ 为实测值。

实际测出：$\varphi = 0.97$，$\Sigma = 0.64$，$\mu = 0.62$。

通过孔隙流出的流量为

$$Q = 0.62A_0 \sqrt{\frac{2g}{\gamma}(p_1 - p_0)} \qquad (6-3)$$

6.1.2　通过尖缘管嘴流出

对尖缘管嘴缩流在嘴内发生，出口面积 A_0 可从嘴口算，则

$$Q = \varphi \Sigma A_0 \sqrt{\frac{2g}{\gamma}(p_1 - p_0)}$$

式中，$\Sigma = 1$，$\varphi = \dfrac{1}{\sqrt{1+0.5}} = 0.82$。

$$Q = 0.82A_0 \sqrt{\frac{2g}{\gamma}(p_1 - p_0)} \qquad (6-4)$$

6.1.3　通过圆缘管嘴流出

此时 $k \approx 0$，局部阻力很小，$\varphi \approx 1$，则

$$Q = A_0 \sqrt{\frac{2g}{\gamma}(p_1 - p_0)} \qquad (6-5)$$

6.1.4　通过圆缘扩张管嘴流出

这时的流量

$$Q = A_{出} \sqrt{\frac{2g}{\gamma}(p_1 - p_0)} \qquad (6-6)$$

但张角不能超过 $6° \sim 7°$。

综上，不可压缩流体在各种情况下的流量系数见表 6-1。

表 6-1　不可压缩流体流量系数 μ 比较

通过孔隙流出	通过尖缘管嘴流出	通过圆缘管嘴流出	通过圆缘扩张管流出
$\mu = \varphi$，$\Sigma = 0.62$	$\mu = 0.82$	$\mu = 1$	$\mu > 1$
$\Sigma = 0.64$	$\Sigma = 1$	$\Sigma = 1$	$\Sigma = 1$
$\varphi = 0.97$	$\varphi = 0.82$	$\varphi = 1$	$\varphi = 1$

6.2 可压缩流体的波

不可压缩流体不会产生波，可压缩气体超声速流动时，就易产生波，使密度下降的波称为膨胀波。使密度增加的波称为压缩波，如图6-2所示。

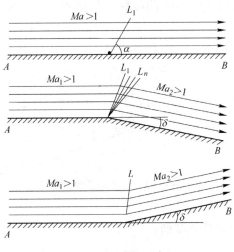

图6-2 波的生成

（1）当 $Ma > 1$，气流流过 AB 面时，有 0 点的小扰动（毛疵），则有一马赫线（α 为马赫角，L_1 线之后流动参数无变化）。

（2）当 $Ma > 1$，气流流过 AB 面，经 δ 转角时，方向变化，参数发生变化，这时 $Ma_1 < Ma_2$，ρ 减小，则称为膨胀波。

（3）当 $Ma > 1$，气流流过一个楔面，方向变化，参数变化 $Ma_1 > Ma_2$，ρ 增加，则称为压缩波。

经过界面后参数发生变化，称界面为波阵面，简称为波。

6.2.1 膨胀波

根据速度变化和截面变化关系

$$\frac{\mathrm{d}w}{w} = \frac{1}{(M_a^2 - 1)} \frac{\mathrm{d}A}{A}$$

可见：$\mathrm{d}A \uparrow \rightarrow (Ma > 1) \rightarrow \mathrm{d}w \uparrow$；这时 p，s 下降，这种波称膨胀波。

6.2.1.1 膨胀波特点

（1）存在一扇形马赫线条，无限多个马赫线 $\alpha_1 > \alpha_2 > \cdots > \alpha_n$，则有 $Ma_1 < Ma_2 < \cdots < Ma_n$，气流经过一个马赫线变化为无限小，而经过无限多个线后，变

化即为有限。

（2）气流过膨胀波为等熵过程。T_0，p_0 视为常数，且气体微团线变形角变形很小。

（3）流线偏转较小，波前后参数变化小。

6.2.1.2 马赫数的变化

对膨胀波，当转角 δ 较小时的波称为马赫波，其转角关系如图 6-3 所示，作动量方程。

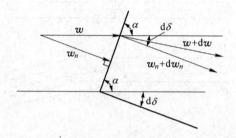

图 6-3　过波前后的速度

在波阵面上取 $abcd$ 作控制面，

$$k_{bc} = k_{ad}$$

$$\rho w_n w_t = (\rho + d\rho)(w_n + dw_n)(w_t + dw_t) \tag{6-7a}$$

作连续性方程

$$\rho w_n = (\rho + d\rho)(w_n + dw_n) \tag{6-7b}$$

比较式（6-7a）和式（6-7b）$dw_t = 0$，$w_t = \text{const}$，由三角关系式

$$w_t = w\cos\alpha = (w + dw)\cos(\alpha + d\delta) = (w + dw)(\cos\alpha\cos d\delta - \sin\alpha\sin d\delta)$$

因为 $d\delta$ 很小，所以 $\cos d\delta \approx 1$，$\sin d\delta \approx d\delta$

$$\frac{dw}{w} = \tan\alpha\, d\delta$$

$$\frac{dw}{w} = \frac{d\delta}{\sqrt{Ma^2 - 1}}$$

代入能量方程 $\left(\dfrac{2}{k-1}a\,da + w\,dw = 0\right)$ 后进行积分，最后得

$$\delta = -\frac{1}{2}\sqrt{\frac{k+1}{k-1}}\left[\sin^{-1}\frac{\dfrac{1-k^2}{2}Ma^2}{1 + \dfrac{k-1}{2}Ma^2} + k\right) - \frac{\pi}{2}\right] - \frac{1}{2}\left[\sin^{-1}\left(k - 2\,\frac{1 + \dfrac{k-1}{2}Ma^2}{Ma^2}\right) + \frac{\pi}{2}\right]$$

$$\tag{6-8}$$

这样即可视为每一个马赫数都对应有转角 δ，而最小 $Ma_{\min} = 1$ 时，对应转角

$\delta_{min} = 0$；最大马赫数 $Ma_{max} \to \infty$ 时，对应转角 $\delta_{max} = 130.5°$（见图 6-4）。

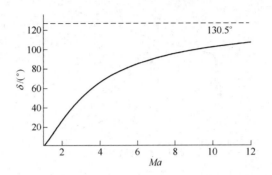

图 6-4　马赫数 Ma 与转角 δ 之间的关系

例 6-1　如图 6-5 所示，有一来源 $Ma_1 = 2$ 的气流，流经平面外转角 $\delta = 20°$，求此时的 Ma_2。

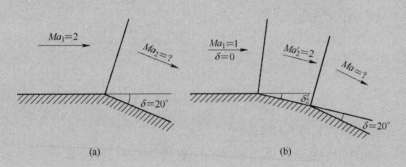

图 6-5　过外转角波的求解

解：对图 6-5（a）的情况，可分解为图 6-5（b）的情况，先求出 δ_2'，然后再根据转角关系解出 Ma_2：

（1）求出 Ma_2' 对应的转角 $\delta_2' = 26.38°$，再求总的转角为
$$\delta_f = \delta_2' + \delta_2 = 26.38° + 20° = 46.38°$$

（2）根据 δ_f 对应的马赫数，得 $Ma_2 = 2.836$。

6.2.1.3　膨胀波的产生

决定气流变化的边界条件有两种：

（1）绕外角折转气流（例如气流经过楔角）；

（2）自由边界形成膨胀波（例如，拉瓦尔管流出时，在外界压力低于设计压力的情况下）。

例 6 - 2 已知：$Ma_1 = 2$，$p_1 = 1.18 \times 10^5 \mathrm{Pa}$，$p_a = 1.0 \times 10^5 \mathrm{Pa}$，求 δ。

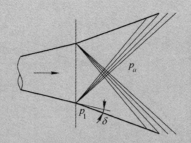

图 6 - 6　例题图示

解： （1）由 $Ma_1 = 2$ 知 $\delta_1 = 26.38°$，同时，

$$p_0 / p_1 = \left(1 + \frac{k-1}{2} Ma^2 \right)^{\frac{k}{k-1}}$$

式中，$p_0 / p_1 = 7.824$。

（2）求外界压力参数。

$$p_0 / p_a = (p_0 / p_1) \cdot (p_1 / p_a) = 7.824 \times 1.18 = 9.233$$

由公式得

$$Ma = \left\{ \frac{2}{k-1} \left[\left(\frac{p_0}{p_a} \right)^{\frac{k-1}{k}} - 1 \right] \right\}^{1/2} = 2.11$$

对应 Ma 的 δ 查表得 $\delta = 29.25°$。

（3）求出转角为 $\delta_f = \delta - \delta_1 = 29.25° - 26.38° = 2.87°$。

6.2.2　激波

若可压缩气体流动时，以一定的强度被压缩，也是以波的形式进行，这种波称为激波。如管道内的超声速流动等。

6.2.2.1　激波的形式

激波的形式可用气体被压缩后其波面的运动情况来说明。

如图 6 - 7 所示，设有无限长管，管内有运动活塞，则管内气体压缩过程为：

（1）当 $t = t_0$ 时，活塞是静止的、管内无任何扰动，其压力为均匀的（p_1）；

（2）当 $t = t_1$ 时，活塞作加速运动，此时压力、温度都增加，声速 a 也随之增加；

（3）当 $t = t_2$ 时，对 $t = t_1$ 的末速度为匀速，p 不再增加（$p = p_2$），声速 a 也随之衡定（$a = a_2$）；

（4）当 $t = t_3$ 时，形成的 A、B 波面相重合，这样即形成一个激波面。

由于激波速度 $w_s > a_1$，可见激波不再是小扰动了，而是有一定的强度的波；

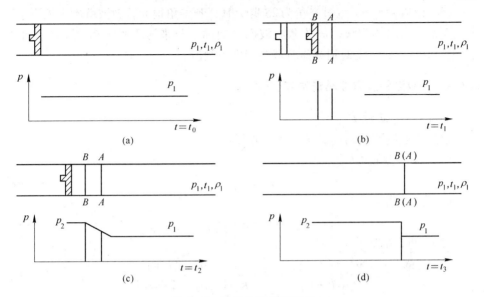

图 6-7　激波的生成和发展

并可见激波的传播速度大于声速，这种波称为大振波（large amplitude wave）。

6.2.2.2　激波的特点

激波的特点如下：

（1）激波由压缩波产生；

（2）只有超声速流才可能产生激波；

（3）激波面是流动参数突变面，气流过波面流动参数变化很大，可视激波面流过气流为绝热过程，但是非等熵过程；

（4）激波的强弱用波前后的压力比表示，其比值越大，激波越强。

6.2.3　激波的分类

当气流以 $Ma_1 > 1$ 流过劈尖时，若夹角 2δ 不是很大，所产生的激波如图 6-8 所示，这种波面与流动方向成锐角的波被称为斜激波。

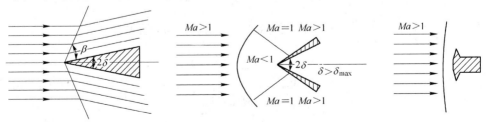

图 6-8　高速气体过劈尖的激波变化

当气流以 $Ma_1 > 1$ 流过夹角为 2δ 劈尖时，若夹角很大，激波就不再依附于劈尖，而是成为离体激波，离体激波波面是曲面。与来源垂直的激波被称为正激波，当 $Ma > 1$ 的气流遇到纯体时就会产生正激波。

6.2.4 正激波和斜激波马赫数变化

6.2.4.1 正激波

通过正激波波面的气流符合如下方程：

（1）连续性方程

$$\rho_1 w_1 = \rho_2 w_2 \tag{6-8a}$$

（2）动量方程

$$p_1 - p_2 = \rho_2 w_2^2 - \rho_1 w_1^2 \tag{6-8b}$$

（3）能量方程

$$\frac{w_1^2}{2} + \frac{k}{k-1}\frac{p_1}{\rho_1} = \frac{w_2^2}{2} + \frac{k}{k-1}\frac{p_2}{\rho_2} = \frac{(k+1)a_*^2}{2(k-1)} \tag{6-8c}$$

将式（6-8a）代入式（6-8b）得

$$w_1 - w_2 = \frac{p_2}{\rho_2 w_2} - \frac{p_1}{\rho_1 w_1} \tag{6-8d}$$

式（6-8c）可写成 $\dfrac{p}{\rho} = \dfrac{k+1}{2k}a_*^2 - \dfrac{k-1}{2k}w^2$ 代入式（6-8d），则

$$w_1 - w_2 = (w_1 - w_2)\left(\frac{k+1}{2k}\frac{a_*^2}{w_1 w_2} + \frac{k-1}{2k}\right)$$

$$\left(\frac{k+1}{2k}\frac{a_*^2}{w_1 w_2} + \frac{k-1}{2k}\right) = 1$$

整理后得

$$a_*^2 = w_1 w_2 \tag{6-9}$$

式（6-9）即为普朗特激波公式（Prandtl shock formula）。
可见，激波前的气流为超声速，激波后气流为亚声速流。

若将 $w_1 w_2 = a_*^2$ 或 $\dfrac{a_*}{w_1}\dfrac{a_*}{w_2} = 1$ 代 入 $\dfrac{a^2}{k-1} + \dfrac{w^2}{2} = \dfrac{k+1}{(k-1)^2}a_*^2$ 或

$\left(\dfrac{2}{k-1}\dfrac{1}{Ma^2}\right)\left(\dfrac{k-1}{k+1}\right) = \dfrac{a_*^2}{w^2}$ 式，则可得激波前后马赫数 Ma 的关系

$$Ma_2^2 = \frac{1 + \dfrac{k-1}{2}Ma_1^2}{kMa_1^2 - \dfrac{k-1}{2}} \tag{6-10}$$

式（6-10）即为过激波前后马赫数的关系（见图6-9）。

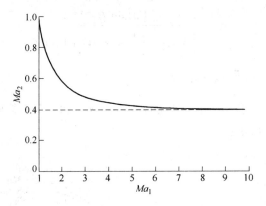

图 6 - 9 正激波前后马赫数变化关系

当 $Ma_1 = 1$ 时，若 $Ma_2 = 1$，说明不会有激波存在；当 $Ma_1 \to \infty$ 时，若 $Ma_2 \to$

$\sqrt{\dfrac{k-1}{2k}}$，对于空气、氧气等双原子气体 $k = 1.4$，$Ma_2 \to \dfrac{1}{\sqrt{7}} \approx 0.378$，为极限

状态。

6.2.4.2 斜激波

斜激波可认为是由超声速流流经内转楔角产生的。如图 6 - 10 所示，取波面一段作为控制体 $abcd$，其方法如同分析正激波那样，作连续方程、动量方程及能量方程，整理后得

$$\tan(\beta - \delta) = \frac{1}{\cos\beta\sin\beta}\left(\frac{k-1}{k+1}\sin^2\beta + \frac{2}{k+1}\frac{1}{Ma_1^2}\right)$$

或

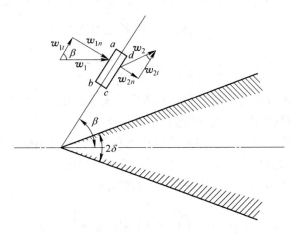

图 6 - 10 斜激波转角 δ、波角 β 及速度矢量分析

$$\tan\delta = \frac{Ma_1^2\sin^2\beta - 1}{\left[Ma_1^2\left(\dfrac{k+1}{2} - \sin^2\beta\right) + 1\right]\tan\beta} \tag{6-11}$$

式中，$\sin^{-1}\dfrac{1}{Ma_1} \leqslant \beta \leqslant \dfrac{\pi}{2}$，$0 \leqslant \delta \leqslant \delta_{\max}$。

从式（6-11）可以看出，来流的马赫数 Ma_1 和转角 δ 能确定斜激波角 β 的大小，如图 6-11 所示。

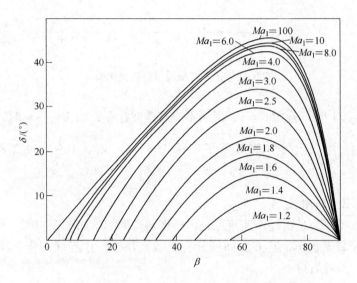

图 6-11 来流马赫数 Ma_1、转角 δ 与波角 β 的关系

由图 6-11 知 $Ma_{1n} = Ma_1\sin\beta$，由动量方程 $p_2 - p_1 = \rho v_1 n(w_{1n} - w_{2n})$ 和整理之后的能量方程 $w_{1n}w_{2n} = a^2 - \dfrac{k-1}{k+1}w_t^2$，可得到压力比关系式

$$\frac{p_2}{p_1} = \frac{2k}{k+1}Ma_1^2\sin^2\beta - \frac{k-1}{k+1} \tag{6-12}$$

用这个方程可以确定斜激波前后的压力比关系；反之，可用激波前后的压力关系和来流的马赫数 Ma_1 束确定波角。

用同样的方法，可以导出斜激波前后其他各参数之间的关系（同样用连续方程、动量方程和能量方程，经一定变换之后，可推得）。

设激波前参数为 1，波后参数为 2，密度比为

$$\frac{\rho_2}{\rho_1} = \left(\frac{k-1}{k+1} + \frac{2}{k+1}\frac{1}{Ma_1^2\sin^2\beta}\right)^{-1} \tag{6-13}$$

温度之比为

$$\frac{T_2}{T_1} = \frac{1}{(k+1)^2}\left[(k-1)2kMa_1^2\sin^2\beta - (k^2-6k+1) - 2(k-1)\frac{1}{Ma_1^2\sin^2\beta} \right]$$

$$(6-14)$$

滞止压力比为

$$p_{02}^0/p_{01}^0 = (p_2/p_1)^{\frac{1}{1-k}}(\rho_2/\rho_1)^{\frac{k}{k-1}} \qquad (6-15)$$

熵的变化为

$$\Delta s = R\ln(p_1^0/p_2^0) \qquad (6-16)$$

因为 $p_{01}^0 > p_{02}^0$，则 $\Delta s > 0$，说明过激波之后，滞止压力总要减小，即激波消耗能量，这也是同马赫波的最重要的差别之一。

图 6-12~图 6-14 给出激波前后各参数的变化。

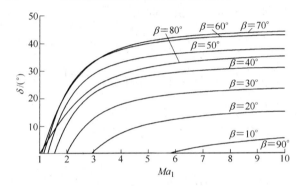

图 6-12　斜激波 Ma_1 及 δ 与 β 之间关系

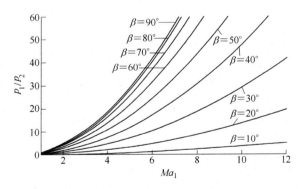

图 6-13　斜激波 Ma_1 波角 β 与压力 p_2/p_1 关系

6.2.4.3　斜激波图的应用参数的确定

（1）最大转角 δ_{max}。由转角与波角及马赫数 Ma_1 的关系式和图 6-11 知，对每一 Ma_1 都有与之对应的最大转角 δ_{max}，求出 δ_{max} 的方法要根据 $\delta = f(\beta, Ma_1)$

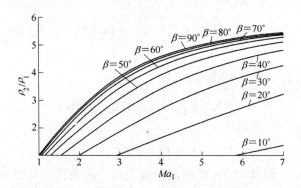

图 6 – 14　斜激波 Ma_1 波角 β 与密度 p_2/p_1 关系

关系，在 Ma_1 为定值时，对 δ 求极值，即

$$\delta' = f'(\beta, Ma_1)$$

令 $f' = 0$，则

$$kMa_1^4\sin^4\beta - \left(\frac{k+1}{2}Ma_1^4 - 2Ma_1^2\right)\sin^2\beta + \left(\frac{k+1}{2}Ma_1^2 + 1\right) = 0$$

当 $k = 1.4$ 时（对空气等双原子气体）有

$$1.4Ma_1^4\sin^4\beta - (1.2Ma_1^4 - 2Ma_1^2)\sin^2\beta + (1.2Ma_1^2 + 1) = 0$$

其解为

$$\beta = \sin^{-1}\sqrt{\frac{(1.2Ma_1^4) + \left[(1.2Ma_1^4 - 2Ma_1^2)^2 + 5.6Ma_1^4(1.2Ma_1^2 + 1)\right]^{\frac{1}{2}}}{2.8Ma_1^4}}$$

将得到的 $\beta_{max} = \varphi(Ma_1)$ 关系代入 $\delta = f(\beta, Ma_1)$ 式中即有（见表 6 – 2）

$$\delta_{max} = \Phi(\beta_{max}, Ma_1) \tag{6-17}$$

表 6 – 2　Ma_1 值对应的最大波角 β_{max} 和最大转角 δ_{max}

Ma_1	1.00	1.10	1.15	1.20	1.25	1.30	1.35	1.40	1.45	1.50	1.55	1.60	1.65	1.70	1.75
β_{max}	90	7.63	7.38	7.20	7.05	6.94	6.84	6.77	6.71	6.66	6.62	6.58	6.55	6.53	65.1
δ_{max}	0	1.52	2.67	3.94	5.29	6.66	8.05	9.43	1.08	1.21	1.34	1.47	1.59	1.70	18.12

Ma_1	1.80	1.85	1.90	1.95	2.00	2.25	2.50	2.75	3.00	4.00	6.00	8.00	10.00	100	10^{10}
β_{max}	64.9	64.9	64.8	64.7	64.7	64.6	64.8	65.0	65.2	66.1	66.9	67.3	67.5	67.8	67.8
δ_{max}	19.2	20.2	21.1	22.1	23.0	26.8	29.8	32.2	34.1	38.8	42.4	43.8	44.4	45.6	45.6

这样即可得到任意 Ma_1 所对应的最大转角 δ_{max}（在图 6 – 12 上可根据式（6 – 17）的函数关系，画 δ_{max} 曲线）。

（2）激波后马赫数 Ma_2。由能量方程 $\dfrac{a^2}{k-1} + \dfrac{w^2}{2} = \dfrac{a_0^2}{k-1}$ 或 $\dfrac{T_0}{T} = 1 + \dfrac{k-1}{2}Ma^2$，有

$$Ma_2 = \sqrt{\left(\frac{T_{02}}{T_2} - 1\right)\frac{2}{K-1}} \qquad (6-18a)$$

式中，$\dfrac{T_{02}}{T_2} = \dfrac{T_{02}}{T_{01}}\dfrac{T_{01}}{T_1}\dfrac{T_1}{T_2}$，$\dfrac{T_{02}}{T_{01}} = 1$，$\dfrac{T_{01}}{T_1} = 1 + \dfrac{k-1}{2}Ma_1^2$。

而$\dfrac{T_1}{T_2}$可由斜激波前后压力比公式

$$T_2/T_1 = \frac{1}{(K+1)^2}\left[2k(k-1)Ma_1^2\sin^2\beta - (k^2 - 6k + 1) - 2(k-1)\frac{1}{Ma_1^2\sin^2\beta}\right]$$

给出，这样式（6-18a）即可写成

$$Ma_2 = \left[\frac{\left(\dfrac{2}{k-1} + Ma_1^2\right)(k+1)^2 Ma_1^2 \sin^2\beta}{2k(k-1)Ma_1^4\sin^4\beta - (k^2 - 6k + 1)Ma_1^2\sin^2\beta - 2(k-1)} - \frac{2}{k-1}\right]^{1/2}$$

$$(6-18b)$$

当 $k = 1.4$ 时，式（6-18a）变为

$$Ma_2 = \left[\frac{5.76(5 + Ma_1^2)}{1.12Ma_1^2\sin^2\beta + 5.44 - 0.8(Ma_1^2\sin^2\beta)^{-1}} - 5\right]^{1/2} \qquad (6-18c)$$

波后马赫数 Ma_2 变化关系可从式 6-18b 中看出其规律性，由图中看出 Ma_2 可能大于1，也可能小于1，即波后可能是超声速流（$Ma_2 > 1$），也可能是亚声速流（$Ma_2 < 1$），那么必然有对应 $Ma_2 = 1$ 的参数。

令 $Ma_2 = 1$，式（6-18b）可写为 $\beta = g(Ma_1)$ 的形式，即

$$\beta_{Ma_2} = 1 = \sin^{-1}\left\{\frac{1}{Ma}\left[\sqrt{\left(3.5^{-1} - \frac{3}{7}Ma^2\right)^2 + 1.4^{-1} - 3.5^{-1} + \frac{3}{7}Ma^2}\right]^{1/2}\right\}$$

$$(6-19a)$$

式（6-17）即可写为

$$\beta_{Ma_2} = 1 = \sin^{-1}\left\{\frac{1}{Ma}\left[\sqrt{\left(\frac{k^2 - 4k + 3}{4k(k-1)} + \frac{k+1}{4k}Ma_1^2\right)^2 + \frac{1}{k}} + \left(\frac{k^2 - 4k + 3}{4k(k-1)} + \frac{k+1}{4k}Ma_1^2\right)\right]^{1/2}\right\}$$

$$(6-19b)$$

表 6-3 和图 6-15 分别给出 $Ma_2 = 1$ 时所对应的激波波角及不同波角时，来流马赫数 Ma_1 对波后马赫数 Ma_2 的影响。

表 6-3　$Ma_2 = 1$ 时对应的激波波角

Ma	1.1	1.2	1.3	1.4	1.5	1.6	1.7	1.8	1.9	2.0	2.5
β	73.3	68.1	65.1	63.3	62.3	61.7	61.4	61.3	61.3	61.5	62.6
Ma	3.0	4.0	5.0	6.0	7.0	8.0	9.0	10.0	11.0	100	10^{10}
β	638	653	661	669	669	671	672	673	674	678	678

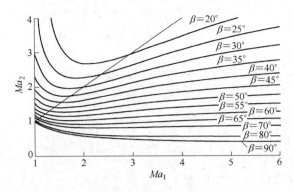

图 6 - 15　过激波后 Ma_2 与来流 Ma_1 的关系

6.2.5　激波形成的条件

激波形成的条件如下：

（1）可压缩性气流经转折之后（如过楔角或劈尖之后）形成激波。此时的激波前后参数变化的状况，以前面所述的式（6 - 17）～式（6 - 19）及图 6 - 11 ～图 6 - 15 和表 6 - 2、表 6 - 3 为基础。

（2）压力条件所决定的激波。当出口处喷管压力低于外界压力时，就会产生激波，以提高波后压力达到与外界压力相平衡，这时激波由压力比 p_2/p_1 决定，可根据式（6 - 15）和图 6 - 13，计算流动参数。

（3）壅塞所决定的激波。

6.3　喷管工作特性

当可压缩流体流出喷管，正好符合设计条件下的压力时，喷管的流动气流和出口处气流的诸参数，按设计条件的规律发生变化。但当工作压力偏离设计条件，或外界压力发生变化时，喷管的工作状况也随之变化，这即为喷管的工作特性。了解喷管的工作特性之目的：其一，正确地选择设计参数；其二，确定已有喷管后的工作压力。

6.3.1　收缩管工作特性

当使用收缩形管嘴时，由于管形限制，出口处的速度不可能达到超声速，但在外界压力很小的情况下，则有可能在出口处以外获得超声速流。对于收缩管可能存在以下情况：

设外界压力为 p_b，滞止压力为 p_0：

（1）当 $p_b/p_0 = 1$ 时，此时喷管内没有气体流动，即 $w_2 = 0$，$Ma_2 = 0$；

（2）当 $\left(\dfrac{2}{k+1}\right)^{\frac{k}{k-1}} \xlongequal{k=1.4} 0.5283 < p_b/p_0 < 1$ 时，喷管内流速为亚声速，即

$w_2 < \sqrt{\dfrac{2}{k+1}} a_0$，其马赫数（出口处）$Ma_2 < 1$；

（3）当 $p_b/p_0 = \left(\dfrac{2}{k+1}\right)^{\frac{k}{k-1}} \xlongequal{k=1.4} 0.5283$ 时，喷管出口速度正好为声速，即

$w_2 = a^* = \sqrt{\dfrac{2}{k+1}} a_0$，其马赫数 $Ma_2 = 1$；

（4）当 $0 < p_b/p_0 < \left(\dfrac{2}{k+1}\right)^{\frac{k}{k-1}} \xlongequal{k=1.4} 0.5283$ 时，喷管的振口处 $Ma_2 = 1$，流体在喷管内流动状态同（3），但离开出口后，由于反压比 $p_b/p_0 < p_e/p_0$（出口压力比），气体还要继续膨胀，故会产生膨胀波，其外转角计算方法为：已知 p_b/p_0，而 p_e/p_0 对应的 $Ma_2 = 1$，则

$$Ma_2 = \sqrt{\dfrac{2}{k-1}\left[\left(\dfrac{p_b}{p_0}\right)^{\frac{1-k}{k}} - 1\right]}$$

这样，根据 $\delta = f(Ma_2)$ 函数关系，即可求出转角 δ。

例 6-3 已知有一收缩嘴喷管，空气的滞止压力为 $2.5 \times 10^5 \mathrm{Pa}$，外界压力（反压力）为 $1.0 \times 10^5 \mathrm{Pa}$，求膨胀波的转角 δ。

解： 当 $p_0 = 2.5 \times 10^5 \mathrm{Pa}$ 时，$p_b/p_0 = 1/2.5 = 0.4 < 0.5283$，

即 $Ma_2' = 1$，出口 $p_e = 0.5283 p_0 = 1.321 \times 10^5 \mathrm{Pa}$。

可由 p_b/p_0 求出 Ma_2，

$$Ma_2 = \sqrt{\dfrac{2}{k-1}\left[\left(\dfrac{p_b}{p_0}\right)^{\frac{1-k}{k}} - 1\right]} = \sqrt{5 \times \left[\left(\dfrac{p_b}{p_0}\right)^{-\frac{1}{3.5}} - 1\right]} = 1.223$$

根据 $\delta = f(Ma_2)$ 关系得到

$$\delta = -\dfrac{\sqrt{6}}{2}\left[\sin^{-1}\left(1.4 - \dfrac{12 Ma^2}{25 + 5 Ma^2}\right) - 90\right] - 0.5\left[\sin^{-1}\left(1 - \dfrac{2}{Ma_2^2}\right) + 90\right]$$

$$= 39.28° - 35.15° = 4.13°$$

6.3.2 拉瓦尔管工作特性

拉瓦尔管是收放型的喷管，根据管型的特点可知，它有可能在出口处得到超声速气流。即在设计状态下工作时，气体在出口处压力为 p_e，而外界（反压）压力为 p_b，这时的 p_e 恰好等于 p_b。但是，工业上应用的拉瓦尔喷管，往往不正

好是反压 p_b 和出口压力 p_e 的工作状态，或者反压 p_b 要高于出口处的压力，或者反压 p_b 要低于出口处的压力，这样，就有几种不同的工作特性，如图 6-16 所示：

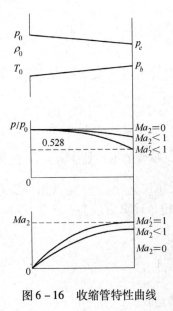

图 6-16 收缩管特性曲线

（1）当 $p_b/p_0 = 1$ 时，整个喷管内没有气体流动，$w_2 = 0$，$Ma_2 = 0$。

（2）当 $p_3/p_0 \leqslant p_b/p_0 < 1$ 时，整个管内流动均为亚声速流，只是在 $p_3/p_0 = p_b/p_0$ 时，在喷管喉部得到声速，但由于压力比的升高没有能在扩张段再加速，所以出口处 $w_2 < \sqrt{\dfrac{2}{k+1}} a_0$，$Ma_2 < 1$ 为亚声速流。

（3）当 $p_2/p_0 \leqslant p_b/p_0 \leqslant p_3/p_0$ 时，管内有超声速气流，但由于反压较大，会在管内造成正激波，这样，出口处的流速仍为亚声速流。正激波的产生原因是反压 p_b 和出口压力 p_e 的压差（$p_b - p_e$）造成的，激波速度 $w_s > w_1$ 使激波面向管内移，在内移过程中，压差减小，w_s 下降，直至 $w_s = w_1$ 时驻定，形成激波面。

当 $p_b = p_2$ 时，波面可在管口驻定，即 $p_b - p_e$ 较小，使激波速度 w_s 在管口处与气流速度 w_1 相等，此时的管内正激波在管口，由此可见随着反压 p_b 的下降，激波由喷管内向外移动（见图 6-17（c）~图 6-17（e））。在此范围内气体流量为常数（质量流量为常数）。

（4）当 $p_e/p_0 < p_b/p_0 < p_2/p_0$ 时，即反压 p_b 过了 p_2 再继续下降时，激波移至喷管外，形成正激波和斜激波的组合波，相当于脱体激波（见图 6-17（f））。

当 $p_b = p_2'$ 时，正激波消失，只有斜激波存在，相当于弱激波（见图 6-17（g））。

当 $p_b < p_2'$ 时，波角从 $\beta_{\max}$ 下降，激波的强度逐渐减弱。

因此，上述可分为两种情况：

1）当 $p_2'/p_0 < p_b/p_0 < p_2/p_0$ 时，管外有正激波和斜激波的组合数；

2）当 $p_e/p_0 < p_b/p_0 < p_2'/p_0$ 时，管外有斜激波（正激波消失）。

（5）当 $0 < p_b/p_0 \leqslant p_e/p_0$ 时，激波完全消失，而当 $p_b < p_e$ 时，会产生膨胀波。

1）当 $p_e = p_b$ 时，斜激波转角 $\delta = 0$，即为设计状态，其流动参数都为设计参数，这是比较理想的工作状态（见图 6-17（h））。

2）当 $0 < p_b < p_e$ 时，首先是气体的过余膨胀，其次是压力扰动不能逆流向管内传递，就出现在喷管外的膨胀波。以上是对反压 p_b 从大向小变化时的拉瓦

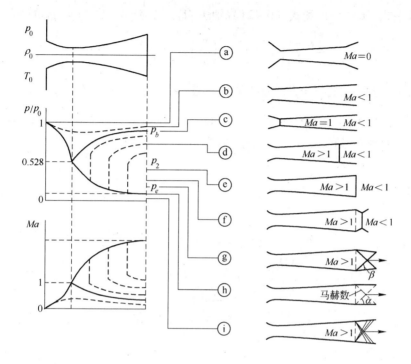

图 6 – 17 拉瓦尔喷管工作特性

尔管工作特性的分析，同样，如果反压 p_b 不变而改变滞止压力 p_0，也有以上相同的工作特性。常规的喷管工作总希望能在设计参数的状态下工作。

6.3.3 拉瓦尔喷管工作参数确定

对拉瓦尔管的工作状态，关键是如何确定压力比 p_e/p_0，p_1/p_0，p_2/p_0 和 p_3/p_0 及正激波在管内的位置及波前后的马赫数。

6.3.3.1 压力比的确定

设进口部位的截面积为 A_*，喷管出口的截面积为 A_e，根据其与马赫数关系有

$$\frac{A_e}{A_*} = \frac{1}{Ma_e}\left(\frac{1+\dfrac{k-1}{2}Ma_e^2}{\dfrac{k+1}{2}}\right)^{\frac{k+1}{2(k-1)}} \qquad (6-20)$$

而在等熵过程（无激波或激波在喷管外）中压力比与马赫数的关系为

$$p_e/p_0 = \left(1+\frac{k-1}{2}Ma_e^2\right)^{-\frac{k}{k-1}} \qquad (6-21)$$

合并式（6-20）和式（6-21）消去 Ma_e，得到 A_0/A_* 与 p_e/p_0 的关系

$$\frac{A_e}{A_*} = \frac{k-1}{2}\left(\frac{k+1}{2}\right)^{\frac{k+1}{(1-k)^2}}\left(\frac{p_e}{p_0}\right)^{\frac{k+1}{2k}}\left[\left(\frac{p_e}{p_0}\right)^{-\frac{k-1}{k}}-1\right]^{-\frac{1}{2}}$$

解上述关系式得 $\frac{p_e}{p_0}=f\left(\frac{A_e}{A_*}\right)$ 的关系，图6-18是 $k=1.4$ 的 $p_e/p_0=f\left(\frac{A_e}{A_*}\right)$ 函数图。可见，在不是临界值的每一个 A/A_* 都对应有两个压力比（一个为超声速的，一个是亚声速的），较大的 p/p_0 即为 p_3/p_0，较小的 p/p_0 即为 p_e/p_0。

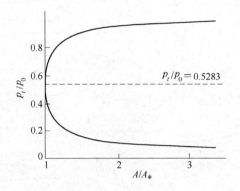

图6-18   面积比 A/A_* 与压力比 p_t/p_0 关系

若在出口处出现正激波，则波前压力比为 p_1/p_0，与图6-18曲线符合，而波后压力比为 p_2/p_0，可由激波参数比公式得到，即

$$\frac{p_1}{p_0}=\left(1+\frac{k-1}{2}Ma_1^2\right)^{-\frac{k}{k-1}} \tag{6-22a}$$

$$\frac{p_2}{p_0}=\frac{p_1}{p_0}\left(\frac{2k}{k+1}Ma_1^2-\frac{k-1}{k+1}\right) \tag{6-22b}$$

解式（6-22a）和式（6-22b），可得到 p_2/p_0（其中：$Ma_1=f(A_e/A_*)$），这就确定了 p_2/p_0 的值。若正激波消失，就是当 $p_b/p_0=p_2/p_0$ 时，相当于激波全为弱激波，对应有最大波角 $\beta_{\max}$ 的位置，这里

$$Ma_1=\sqrt{\left[\left(\frac{p_e}{p_0}\right)^{\frac{1-k}{k}}-1\right]\frac{2}{k-1}}$$

再由 $\beta_{\max}=\varphi(Ma_1)$ 求出 $\beta_{\max}$ 代入压力比公式，则有

$$\frac{p_2}{p_0}=\frac{p_e}{p_0}\left(\frac{2k}{k+1}Ma_1^2\sin^2\beta_{\max}-\frac{k-1}{k+1}\right) \tag{6-23}$$

这样就求出了 p_2/p_0 的值了。

例 6-4 已知一拉瓦尔喷管其面积比为 $A_e/A_* = 2.5$，滞止压力（容器内的压力）$p_0 = 2.0 \times 10^5 \, \mathrm{Pa}$，求影响喷管特性的压力 p_e，p_2，p_2'，p_3。

解： 当 $k = 1.4$ 时，$A/A_* = f'(p/p_0)$ 可写成

$$\frac{A_e}{A_*} = \left(\frac{p_b}{p_0}\right)^{-\frac{1}{3.5}} (1.2^3 \times \sqrt{5})^{-1} \left[\left(\frac{p_b}{p_0}\right)^{\frac{1}{3.5}} - 1\right]^{-\frac{1}{2}} \tag{6-24}$$

（1）解式（6-24）得 $A_e/A_* = 2.5$ 时，$p_b/p_0 = 0.06395$，$p_{b_2}/p_0 = 0.96085$

所以有
$$p_e = 0.06395 \times 2.0 \times 10^5 = 0.1279 \times 10^5 \, (\mathrm{Pa})$$

$$p_3 = 0.96085 \times 2.0 \times 10^5 = 1.9217 \times 10^5 \, (\mathrm{Pa})$$

（2）由 $p_1/p_0 = 0.06395$，知

$$M_1 = \sqrt{\left[\left(\frac{p_e}{p_0}\right)^{\frac{1-k}{k}} - 1\right]\frac{2}{k-1}} = \sqrt{[(0.06395)^{-\frac{1}{3.5}} - 1] \times 5} = 2.4431$$

$$\frac{p_2}{p_0} = \frac{p_1}{p_0} \times \left(\frac{2k}{k+1}Ma_1^2 - \frac{k-1}{k+1}\right) = 0.06395 \times \left(\frac{2.8}{2.4} \times 5.9688 - \frac{0.4}{2.4}\right) = 0.4347$$

$$p_2 = 0.4347 \times 2.0 \times 10^5 = 0.8693 \times 10^5 \, (\mathrm{Pa})$$

（3）由 $Ma_1 = 2.4431$，由 $\beta_{max} = \varphi(Ma_1)$ 关系，求得 $\beta_{max} = 64.739$

$$\frac{p_2'}{p_0} = 0.06395 \times \left(\frac{2k}{k+1}Ma_1^2\sin^2\beta_{max} - \frac{k-1}{k+1}\right)$$

$$= 0.06395 \times \left(\frac{2.8}{2.4} \times 2.4431^2 \times \sin^2 64.739 - \frac{0.4}{2.4}\right) = 0.3536$$

所以
$$p_2' = 0.3536 \times 2.0 \times 10^5 = 0.7071 \times 10^5 \, (\mathrm{Pa})$$

6.3.3.2 管内正激波位置的确定

已知拉瓦尔管的入口面积 A_*、反压力 $p_b(p_2 < p_b < p_3)$、出口面积 A_e，及滞止压力 p_0（如图 6-19 所示），求正激波位置。

（1）方法1。用公式先求出出口处马赫数 Ma_e。

1）首先计算

$$\frac{p_b}{p_0}\frac{A_e}{A_*} = \frac{1}{Ma_e}\left(\frac{2}{k+1}\right)^{\frac{k+1}{2(k-1)}}\left[1 + \frac{k-1}{2}Ma_e^2\right]^{-\frac{1}{2}} \tag{6-25a}$$

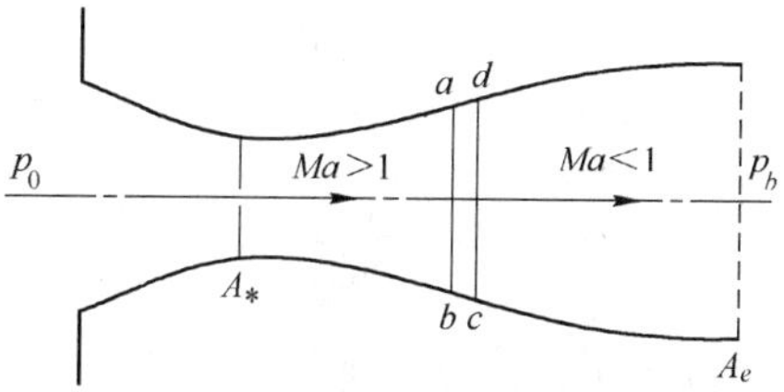

图 6-19 激波位置示意图

当 $k = 1.4$ 时

$$(p_b A_e / p_0 A_*) = \frac{1}{Ma_e} \times 1.2^{-3} \times (1 + 0.2 Ma_e^2)^{-0.5}$$

2）根据 Ma_e 求 p_b / p_0。

$$\frac{p_b}{p_0'} = \left(1 + \frac{k-1}{2} Ma_e^2\right)^{-\frac{k}{k-1}} \qquad (6-25b)$$

3）由 p_b / p_0' 和 p_b / p_0 计算 p_0' / p_0。

$$p_0' / p_0 = (p_b / p_0) / (p_b / p_0') \qquad (6-25c)$$

4）用 p_0' / p_0 和 Ma 关系，求出 Ma。

$$p_0' / p_0 = \left(\frac{2k}{k+1} Ma^2 - \frac{k-1}{k+1}\right)^{\frac{1}{1-k}} \left(\frac{k-1}{k+1} + \frac{2}{k-1} \frac{1}{Ma^2}\right)^{\frac{k}{1-k}} \qquad (6-25d)$$

5）由 Ma 和 A_*、A_a，求出激波的位置。

$$\frac{A_a}{A_*} = \frac{1}{Ma}\left(1 + \frac{k+1}{2} Ma^2\right)^{\frac{k+1}{2(k-1)}} \left(\frac{2}{k+1}\right)^{\frac{k+1}{2(k-1)}} \qquad (6-25e)$$

（2）方法 2。从左右两边列 A_* 和 A_a 及 A_e 和 A_d 的关系，且知 $A_a = A_d$，并代入相应的公式，推导得

$$\frac{A_a}{A_*} = \frac{1}{Ma}\left(1 + \frac{k-1}{2} Ma^2\right)^{\frac{k-1}{2(k-1)}} \left(\frac{2}{k+1}\right)^{\frac{k+1}{2(k-1)}} \qquad (6-25f)$$

$$\frac{A_d}{A_e} = \frac{\left\{\frac{2}{k-1}\left[\left(\frac{p_b}{p_0}\right)^{\frac{1-k}{k}} \left(\frac{2k}{k+1} Ma^2 - \frac{k-1}{k+1}\right)^{-\frac{1}{k}} \times \left(\frac{k-1}{k+1} + \frac{2}{k+1} \frac{1}{Ma^2}\right)^{-1} - 1\right]\right\}^{\frac{1}{2}}}{\left[\left(1 + \frac{k-1}{2} Ma^2\right) \Big/ \left(kMa^2 - \frac{k-1}{2}\right)\right]^{\frac{3}{2}}} \times$$

$$\frac{1 + \frac{k-1}{2} \cdot \left[\left(1 + \frac{k-1}{2} Ma^2\right) \Big/ \left(kMa^2 - \frac{k-1}{2}\right)\right]}{\left\{1 + \left[\left(\frac{p_b}{p_0}\right)^{\frac{1-k}{k}} \left(\frac{2k}{k+1} Ma^2 - \frac{k-1}{k+1}\right)^{-\frac{1}{k}} \frac{1}{\left(\frac{k-1}{k+1} + \frac{2}{k+1} \frac{1}{Ma^2}\right)^{-1} - 1}\right]\right\}^{\frac{k+1}{2(k-1)}}}$$

$$(6-25g)$$

联立式（6-25f）和式（6-25g），求出 A_a 或 A_d。

例 6-5 有一拉瓦尔管 $A_e / A_* = 2.5$，$p_b / p_0 = 0.6$，求 A_a。

解：（1）由式 $(p_b A_e) / (p_0 A_*) = \frac{1}{Ma_e} \times 1.2^{-3} \times (1 + 0.2 Ma_e^2)^{-0.5} \times 1.2^3 \times$

$$2.5 \times 0.6 = \frac{1}{Ma_e \sqrt{1 + 0.2 Ma_e^2}}$$

得 $\qquad Ma_e^2 = 0.1447, \quad Ma_e = 0.380$

（2）求 p_b/p_0' 。

$$p_b/p_0' = \left(1 + \frac{k-1}{2} Ma_e^2\right)^{-\frac{k}{k-1}} = (1 + 0.2 Ma_e^2)^{-3.5} = 0.905。$$

（3）求 p_0'/p_0 。

$$p_0'/p_0 = (p_b/p_0)/(p_b/p_0') = 0.6/0.905 = 0.663。$$

（4）用 p_0'/p_0 和 Ma 关系，求 Ma 。

$$p_0'/p_0 = \left(\frac{7}{6} Ma^2 - \frac{1}{6}\right)^{-2.5} \times \left(\frac{1}{6} + \frac{5}{6} \frac{1}{Ma^2}\right)^{-3.5}$$

解上述高次方程可以得到 $Ma^2 = 4.51198088$ ， $Ma = 2.124$ 。

（5）求出 A_a 的相对位置 A_a/A_* 。

$$\frac{A_a}{A_*} = \frac{1}{2.124} \times (1 + 0.2 \times 4.512)^8 \times \left(\frac{1}{1.2}\right)^3 = 1.876$$

也可用第二种方法，联立式（6-25e）和式（6-25f）后，求出 $Ma = 2.124$ ，然后代入式（6-25e）得

$$\frac{A_e}{A_*} = 1.876 \quad 代入式（6-25f）$$

$$\frac{A_d}{A_*} = \frac{A_d}{A_e} \cdot \frac{A_e}{A_*} = 0.750 \times 2.5 = 1.816$$

结论相同。

6.3.4 可压缩气流喷管出口后的波形变化

（1）当反压 $p_b < p_e$ 时，这时的气流出口之后会出现膨胀波，由于惯性作用，气体膨胀不能立即停止，将出现过度膨胀现象，即气流压力 $p > p_b$ ，这时气流又被压缩，之后再次出现膨胀、压缩。但每一次膨胀压缩都会有能量损失，使波最后消失（见图6-20（a））。

（2）当反压 $p_b > p_e$ ，且喷管出口处有斜激波时，气流出口后要被压缩，但压缩过程受惯性作用不会立即停止，出现过度压缩的现象，这时气流 $p < p_b$ ，又会出现膨胀，之后又可能出现压缩、膨胀，但最后能量耗尽波消失。

（3）当反压 $p_b = p_e$ 时出口处不会产生波，但管边缘会出现交叉马赫数，这种马赫线又在气流边缘处反射，形成如图6-20（c）所示的现象。

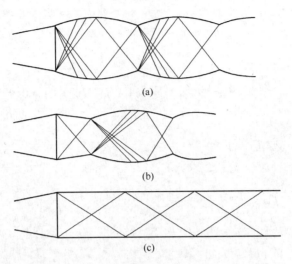

图 6 - 20　可压缩气流喷管出口后的波形变化

（a）喷管出现膨胀波后的波形；（b）喷管出现激波后的波形；

（c）喷管为设计状态时的气流

思 考 题

1. 不可压缩流体经孔口流出和经不同管嘴流出的流量为什么不同？

2. 不可压缩流体流出管嘴时流量与哪些因素有关？

3. 可压缩性流体流过固体表面时，为什么会产生波？

4. 波分为几种形式？

5. 膨胀波和压缩波各有哪些特点？

6. 膨胀波和斜激波的转角与来源马赫数各成什么关系？

7. 什么是正激波，正激波强度用什么表示？

8. 解释斜激波的最大转角 δ_{max} 和最大波角 β_{max}。

9. 正激波后马赫数与来源马赫数是什么样的定量关系？

10. 收缩管流过的可压性流，能否产生激波，为什么？

11. 拉瓦尔管流过的可压性流能否产生激波，说明在什么情况下出口的马赫数大于1。

练 习 题

1. 有一收缩管，滞止压力 $p_0 = 2 \times 10^5 \, Pa$，反压 $p_b = 1 \times 10^5 \, Pa$，问（1）能否产生波；（2）产生什么波；（3）转角为多少？（4）出口处 $Ma_1 = ?$（5）波后 $Ma_2 = ?$

2. 已知有一拉瓦尔管出口处 $Ma_1 = 1.5$，出口之后产生的膨胀波外转角 $\delta = 10°$，求波后马赫数 Ma_2（M 与 δ 关系如下表）。

Ma	1.5	1.6	1.7	1.8	1.9	2.0	2.1	2.2
δ	11.9	14.9	17.8	20.7	23.6	26.4	29.1	31.7

3. 若条件如 2 题，出口处正好有一正激波，求出口后马赫数 Ma_2。

4. 若条件如 2 题，出口处产生斜激波波角为 $\beta = 50°$，求波后马赫数 Ma_2。

5. 已知拉瓦尔管的出口面积和入口面积比 $A_e/A_* = 2.5$，滞止压力 $p_0 = 2.0 \times 10^5 Pa$，反压 $p_0 = 0.8 \times 10^5 Pa$，此时的拉瓦尔管可能工作在哪个工作特性区？

7　散料床气体流动

　　所谓散料，是指块状、粒状或粉状的散粒，它们可以是各种各样的物料，如铁矿石、石灰石、粉煤粒等。所谓散料床，是指将这些散料堆积在支撑栅或炉箅子上的床层。散料既可以充满工作空间（如高炉），也可以不充满工作空间；既可以致密堆积，也可以疏松而不断地翻动。

　　为什么要研究散料床的气体流动？因为在这种过程中，与一般工艺相比有以下4个特点：

　　(1) 固体料与气体的接触面积大（尤其在沸腾床时），可大至1000倍以上。

　　(2) 它们之间的热交换、传质、混合和化学反应快。

　　(3) 工作效率高，省能。

　　(4) 当物料呈气力输送状态时，具有似流体特征，便于机械化、自动化工作。

　　因此，散料床在现代工业中，尤其在冶金、化工过程中的应用越来越广泛。比如炼铁的高炉、化铁炉、炼钢、铅、锡的鼓风炉，矿石焙烧炉，煤的沸腾气化，沸腾粒子热处理炉，沸腾燃烧，沸腾干燥，甚至还用于气体的预热。

　　有关散料床内的气体力学问题是很多的，掌握其气体运动规律对于提高炉子产量、节约能源和改善被处理物料的质量都有重大的意义。本章研究气体介质自上而下地于散料间隙中穿行时的一般气体运动规律，着重分析气流速度与散料床压力降之间的关系、散料床的孔隙度与气流分布之间的关系，和气流速度与散料层松动沸腾现象之间的关系等。

　　由于物料本身的结构极其复杂（如形状不规整、空隙复杂），如物料在与气体的相对运动过程中往往还伴随着物理化学反应物态的变化，因此要研究物体与气体运动规律是非常困难，通常采用的研究方法是：

　　(1) 通过某些假定以简化问题，作出定性或定量的分析，然后将其结果结合实际情况再进行修正，以便比较符合实际。

　　(2) 借助相似原理和模型实验，求得近似的定量计算方法。

　　如图7-1所示是一个物料未充满工作空间的散料床。气流自下而上地通过静止的散料层。散料床内气体流动有三种不同状态：

　　(1) 当气流速度较低时，气体穿过料块颗粒的间隙流动，但颗粒与颗粒之间、颗粒与炉箅之间没有相对运动（即料层保持原位），这种状态就叫作固定床，或称为密料床。

（2）随着气流速度的提高，床层的压力降就越来越大，直到该压力降等于单位底层面积上料层的重量时，颗粒开始松动，床层膨胀，空隙增大，并随气流的进一步增加颗粒处于"沸腾"及剧烈扰动的状态，即所谓似流体状态，这种状态就叫作"流态化"，或称"沸腾床"，也叫"浓相流态化"。此时上部仍然还有明显的界面存在。用这种方法来处理物料的炉子就叫作流态化炉或沸腾炉。

（3）如果再进一步提高气流速度，而颗粒又比较小，则悬浮状的粒子将会被气流带走，上表面无明显界面，这就是通常所说的"气力输送"，或者叫作稀相流态化，有时也叫作两相流。

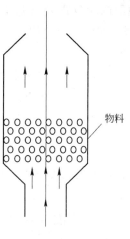

物料

图 7 – 1　散料床

总之，散料床内的气体流动可分为固定床、沸腾床和气力输送三种类型。下面分别进行详细说明。

7.1　固定床气体流动

本节讨论气体通过不动的垂直料层中运动的特点。例如，将气体通入煤层燃烧的层燃式炉子（高炉和焙烧窑这一类炉窑的物料充满工作空间，而且可以没有炉栅或炉箅子，习惯上叫作竖炉，由于此时物料下降速度相对气流来说很缓慢，所以可近似看作固定床流动）。由于气体通过料层时阻力较大，它比气体的内摩擦力和几何压头都大很多，故气流在料层断面上的分布主要取决于料层阻力分布情况。本节研究的内容包括：（1）气体通过固定床时的阻力损失；（2）固定床内的气流分布规律。为了简化分析，假定不考虑传热、传质及其他物理化学变化的影响，也不存在"边墙效应"（定义见后面）。

7.1.1　气体通过固定床的阻力损失

本章主要是确定分析计算阻力损失的方法。研究阻力损失的原因有三点：（1）通过料层阻力及其分布的情况可以反映气流沿料层断面上的分布规律；（2）可以求得气流经散料层的压力降后还有多少压力；（3）可以分析影响阻力损失的各种参数。

气体通过固定散料层时，由于块料间的孔隙形状不规则，流速又较高，阻力损失比在管道内的流动要大得多。

气体通过料层的阻力主要有摩擦阻力，局部的突然扩张与收缩，通过曲折通道时的转弯以及气流的局部分开和汇合等。在一般的料层中，摩擦阻力只占 $4\% \sim 5\%$（$Re > 2000$）其余均为局部阻力损失，因此局部阻力是有决定性影响的。

7.1.1.1　阻力损失的基本表达式

为了求阻力损失，可以从压力梯度的定义 $\mathrm{d}p/\mathrm{d}H$ 及其在散料层中与气流速度 w 的 n 次方（$n = 1 \sim 2$）成正比例关系来分析：

$$\frac{\mathrm{d}p}{\mathrm{d}H} = -kw^n$$

通过分离变量和积分，得

$$\Delta p = kw^n H \qquad\qquad (7-1)$$

式中，Δp 为散料层的阻力损失；w 为气流速度；H 为料层高度；k，n 为系数。

式（7-1）是散料层阻力损失的基本表达式，它表明阻力损失与气流速度的 n 次方成正比，与料层的高度成正比。但是这一公式并没有反映气体的物理特性（重度 γ、黏度 μ 等），物料的物性（料块的大小、形状及料层的透气性等）对阻力的影响，只是把它们统统包括到"k"中去了。为了进一步探讨诸因素对阻力损失的影响，人们研究了计算阻力损失的其他方法。下面介绍一种通过达西公式来计算固定床阻力损失的方法。

7.1.1.2　采用达西公式的阻损表达式

由于每个孔道的形状和大小实际上都无法确定，所以单独计算每一个因素所造成的阻力是难以做到的。因此，研究者多把料层看作一个整体，气流经由其中通过，综合地考虑其阻力系数。这里仍采用达西公式的形式，即料层两端的压力降 Δp 可写成下述形式：

$$\Delta p = k_\mathrm{c} \frac{w_\mathrm{f}^2}{2g} \gamma_\mathrm{f} \qquad\qquad (7-2)$$

式中，k_c 为综合阻力系数；w_f，γ_f 分别为气体在孔道中的实际流速（m/s）和实际重度。

于是，问题便转到了如何求 w_f 和 k_c 值。

由于实际孔道的大小无法确定，w_f 难以计算，故通常以空截面流速 w_k 和料层的孔隙度 ε 来代替 w_f。

空截面流速也称"假定流速"，是按床层截面积计算的流速，其定义为

$$w_\mathrm{k} = \frac{\text{气体流量}}{\text{料床截面积}} = \frac{Q}{F_\text{床}}$$

孔隙度的定义为

$$\varepsilon = \frac{\text{料层内间隙体积}}{\text{全部床层体积}} = \frac{V_k}{V_\text{床}} = \frac{V_\text{床} - V_\text{料}}{V_\text{床}} = 1 - \frac{V_\text{料}}{V_\text{床}}$$

ε 的大小与料粒的尺寸形状、排列的松紧程度、筛分粒度比例等有关。如果料粒全为球形，并按图 7-2 的方式排列（此种排列空隙最大），则最大孔隙度 ε_{max} 为

$$\varepsilon_{max} = \frac{(3d)^3 - 27\dfrac{\pi d^3}{6}}{(3d)^3} = 0.476$$

实际生产中，料粒不可能如此规则，一般通过实验来确定。测出料的实际重度（$\gamma_{料}$）及堆积重度（$\gamma_{堆}$），即可得孔隙度

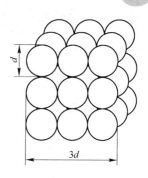

图 7-2 球形颗粒排列

$$\varepsilon = 1 - \frac{V_{料}}{V_{床}} = 1 - \frac{G/\gamma_{料}}{G/\gamma_{堆}} = 1 - \frac{\gamma_{堆}}{\gamma_{料}}$$

式中，G 为床层料的总重量。ε 值一般在 $0.3 \sim 0.5$ 范围内波动。

据上述，显然有

$$w_f = \frac{Q}{F_{床}\varepsilon} = \frac{w_k}{\varepsilon} \qquad (7-3)$$

这里假定空隙均匀分布，ε 为平均孔隙度。

下面再求综合阻力系数 k_c。令

$$k_c = 4\zeta\frac{H}{d_{当}} \qquad (7-4)$$

式中，H 为料层高度，m；$d_{当}$ 为空隙的当量直径，m。如前述，空隙的形状和大小很难确定，应用不便，故用料粒的直径 $d_{料}$ 来代替。当料粒为球形时，按定义

$$d_{当} = \frac{4 \times 可通面积}{湿周} = \frac{4V_{床}\varepsilon}{F_{料}} \quad (因\ F_{料} = F_{孔}) \qquad (7-5)$$

由于

$$nV_{球} = n\frac{\pi d_{料}^3}{6} = n\frac{\pi d_{料}^2}{6}d_{料} = nF_{球}\frac{d_{料}}{6}$$

故

$$F_{料} = nF_{球} = \frac{6nV_{料}}{d_{料}} = \frac{6(1-\varepsilon)V_{床}}{d_{料}}$$

代入式（7-5）中，得

$$d_{当} = \frac{2}{3}\frac{\varepsilon}{1-\varepsilon}d_{料} \qquad (7-5a)$$

将式（7-5a）代入式（7-4），得

$$k_c = 6\zeta\frac{H(1-\varepsilon)}{\varepsilon d_{料}} \qquad (7-6)$$

将式（7-3）、式（7-6）代入式（7-2），得

$$\Delta p = 3\zeta\frac{H}{d_{料}}\frac{1-\varepsilon}{\varepsilon^3}w_k^2\rho_f \qquad (7-7)$$

式（7-7）即为固定床散料层阻力损失的简化计算式。其中的 ζ 为包括摩擦和局部阻力系数，它是 $Re = \dfrac{w_f d_当 \rho_f}{\mu}$ 的函数，只有当 Re 达到自模区时才与 Re 值无关。经实验确定，其关系如下：

当 $Re < 10$ 时，$\zeta = \dfrac{33}{Re}$（层流状态）；

当 $10 < Re < 250$ 时，$\zeta = \dfrac{29}{Re} + \dfrac{1.25}{Re^{0.15}}$（过渡状态）；

当 $250 < Re < 5000$ 时，$\zeta = \dfrac{1.56}{Re^{0.15}}$（紊流状态）；

当 $Re > 5000$ 时，$\zeta = 0.43$（阻力平方区）。

此式表明，在 Re 很小时，就已进入紊流状态，这是因为气体在曲线、扩张、收缩的孔道内流动受到了较大扰动的结果。

使用时应注意公式的应用条件和 ζ 值对应不同 Re 值的关系式。

还要注意，式（7-7）只能在可把气体看作不可压缩的介质，即料层中温降和压力降都较小时才可正确应用。如在高炉内，其温度可在 200～250℃ 范围内变化，压力差可达 98000～117600Pa，就不能看作是不可压缩气体了。

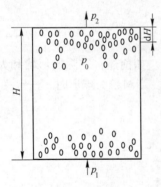

图 7-3 料层示意图

如图 7-3 所示，设 p_1、p_2 为料层入口和出口处的气体压力。则对 dH 的两个断面可有

$$dp = \Delta p_{H=1} dH \qquad (7-8)$$

$\Delta p_{H=1}$ 为 1 m 厚料层的阻力。据式（7-2），有

$$\Delta p_{H=1} = 4 \frac{\zeta w_f^2}{d_当 2g} \gamma_f$$

显然，w_f 和 γ_f 都与料层的温度和压力有关。为了简化分析，假设料层的温度 $t = \mathrm{const}$，并且设标准大气压为 p_0，则有

$$\Delta p_{H=1} = 4 \frac{\zeta W_{p_0}^2}{d_当 2g} \gamma_f p_0, \quad \frac{p_0}{p} = R \frac{p_0}{p}$$

代入式（7-8），有

$$dp = R \frac{p_0}{p} dH$$

式中，p 为沿高度而变动着的压力值。积分并整理得

$$R p_0 \int_0^H dH = \int_{p_1}^p p \, dp$$

$$p_1 = \sqrt{p_2^2 - 2 R p_0 H}$$

由此

$$\Delta p = p_1 - p_2 = \sqrt{p_2^2 - 2Rp_0 H} - p_2 \qquad (7-9)$$

从式（7-9）可见，当 p_2 增加时，将使 Δp 减小，即料层中阻力减小，这里因为当气体质量流量不变时，其体积减小，从而使流速减小的缘故。按此道理，若提高高炉顶部气体压力，则鼓风所需的压力 p_1，将比 p_2 增长得慢一些；也可以说，在不增加压力降的条件下，可以提高鼓风压力，即增加鼓风量，也就是提高生产率。同时由于流速减小，煤气在炉中停留时间增加，为充分进行物化反应创造了良好条件。

如果考虑温度因素，从定性来说，由于煤气的温度沿高度降低，会使 p_2 进一步减小，所以压头损失也会变得更小一些。

总之，如果考虑温度沿料层高度的变化，应在具体情况下找出 $t \neq \text{const}$ 时 $\Delta p_{H=1} = f(H)$ 关系式。这就需要把料层内热交换的因素考虑进去，这当然是相当复杂的。

式（7-7）应用于实际时，ζ 值的确定很不方便，因为它随 Re 的不同范围而变化且计算烦琐。

7.1.1.3　厄根（Ergun）公式

对球形颗粒，单位高度上的床层压力降为

$$\frac{\Delta p}{H} = 150 \frac{(1-\varepsilon)^2}{\varepsilon^3} \frac{\mu w_k}{d_{料}^2} + 1.75 \frac{1-\varepsilon}{\varepsilon^3} \frac{\rho_f w_k^2}{d_{料}} \qquad (7-10)$$

这就是常用的厄根公式。式（7-10）中右侧的两项分别代表黏性阻力损失和惯性阻力损失。

当 $Re = \dfrac{w_k d_{料} \rho_f}{\mu} < 20$（即 Re 较小）时，以前一项损失为主，可忽略后一项，则式（7-10）可简化为

$$\frac{\Delta p}{H} = 150 \frac{(1-\varepsilon)^2}{\varepsilon^3} \frac{\mu w_k}{d_{料}^2} (\text{Pa/m}^3) \qquad (7-10a)$$

此式与将 $\zeta = 33/Re$ 代入式（7-7）的计算结果基本相符。

当 $Re = \dfrac{w_k d_{料} \rho_f}{\mu} > 1000$ 时，可仅考虑惯性阻力损失，而忽略前一项，即化为

$$\frac{\Delta p}{H} = 1.75 \frac{1-\varepsilon}{\varepsilon^3} \frac{\rho_f w_k^2}{d_{料}} (\text{Pa/m}^3) \qquad (7-11)$$

与式（7-7）当 $Re = \dfrac{w_f d_{料} \rho_f}{\mu} > 5000$ 时的情况也较为一致。

例 7-1　固定床内物料为均匀分布的球形颗粒，当 $Re = 1000$ 时试比较按达西公式和厄根公式计算的阻力损失。

解：按达西公式（即式（7－7））：

$$\zeta = \frac{1.56}{Re^{0.16}} = \frac{1.56}{1000^{0.16}} = 0.52$$

$$\frac{\Delta p}{H} = 3\zeta\,\frac{1-\varepsilon}{\varepsilon^3}\,\frac{\rho_f w_k^2}{d_{料}} = 1.56\,\frac{1-\varepsilon}{\varepsilon^3}\,\frac{\rho_f w_k^2}{d_{料}} \qquad (7-12a)$$

按厄根公式：$Re = 1000$ 时

$$\frac{\Delta p}{H} = 1.75\,\frac{1-\varepsilon}{\varepsilon^3}\,\frac{\rho_f w_k^2}{d_{料}} \qquad (7-12b)$$

比较式（7－12a）、式（7－12b），可见此时两者误差约为 12%。

7.1.1.4　对料粒尺寸和形状的修正

前面介绍的计算式均对大小均匀的球形料而言。实际生产中颗粒的大小不同，而且并非球状，所以必须进行修正。

（1）对料粒直径的修正。分析以下三种情形。

1）对于单个的非球形颗粒。规定其特征尺寸为与该单粒体积相同的圆球的直径，用 d_p 来表示。若设 V_L 为料粒的实际体积，则有

$$V_L = \frac{\pi d_p^3}{6}$$

$$d_p = \sqrt[3]{\frac{6V_L}{\pi}} \qquad (7-13)$$

这种定义并无多大实际用处，因为实际中直接测量料粒的体积 V_L 是相当困难的，况且每个料粒的大小并不一样。

2）采用简单的筛分法，即用不同孔径（分别为 d_i 和 d_{i+1}）的筛子来筛分颗粒，对处于两级筛孔孔径之间的粒径，就用两级筛孔孔径的算术平均值或几何平均值来代替，即所谓平均粒径：

$$d_p = \frac{1}{2}(d_i + d_{i+1}) \quad 或 \quad d_p = \sqrt{d_i \cdot d_{i+1}}$$

这相当于一种组分时的情况。

3）如果散料由多组分（即由大小不同的几级物料）组成时，就要进行宽筛分，也就是多次筛分，其平均直径要考虑到料粒在每个组分中的分布情况。

令 G 为散料层中料粒的重量，$G_{d_i \sim d_{i+1}}$ 为两级筛孔 d_i 和 d_{i+1} 之间的料粒重量，d_{p_i} 为在 d_i 和 d_{i+1} 之间的组分的料粒平均直径，$\overline{d_p}$ 为多组分料粒总的平均直径；则第 i 组分料粒的重量占总料重的百分数为

$$x_i = \frac{G_{d_i \sim d_{i+1}}}{G} \times 100\%$$

为了体现出各组分粒径在总的平均直径中的作用，d_p 可按式（7－14）加权

计算：

$$\overline{d_p} = \sum_{d_{pi}=d_{pmin}}^{d_{pmax}} x_i d_{pi} \qquad (7-14)$$

例 7 – 2 已知料粒的 3 个组分是：筛孔为 20 ~ 16mm 的占 $x_1 = 20\%$，筛孔为 16 ~ 8mm 的占 $x_2 = 60\%$，筛孔为 8 ~ 4mm 的占 $x_3 = 20\%$，求料粒的平均直径 $\overline{d_p}$。

解： 3 种组分的平均直径为（按算术平均值）：

$$d_{p_1} = \frac{20+16}{2} = 18 \, (\text{mm})$$

$$d_{p_2} = \frac{16+8}{2} = 12 \, (\text{mm})$$

$$d_{p_3} = \frac{8+4}{2} = 6 \, (\text{mm})$$

则由式（7 – 14），得

$$\overline{d_p} = \sum_{d_{p_1}}^{d_{p_3}} x_i d_{pi} = 0.2 \times 18 + 0.6 \times 12 + 0.2 \times 6 = 17.4 \, (\text{mm})$$

（2）对料粒形状的修正。用料粒的平均直径来代替球形料的直径时，其接近程度还与料粒的球形化程度有关。

球粒形状越接近球形，料的特性尺寸与球的直径越接近；料形越不规则，则其间差别越大，因此，实践中，采用所谓"球形度"Φ 进行修正。

球形度 Φ 定义为

$$\Phi = \frac{\text{同体积球形表面积}}{\text{同体积非球形料粒表面积}}$$

工业料粒的 Φ 值在 0.45 ~ 0.9 之间波动见表 7 – 1。

表 7 – 1 球形度 Φ 的数据

物 料	Φ	物 料	Φ
沙 粒	0.543 ~ 0.628 0.861	石英砂	0.554 ~ 0.628
铁催化剂	0.578	煤 粉	0.696
煤炭或无烟煤块或粒	0.625 ~ 0.63	立方体	0.806
碎 块	0.63	薄片，长∶宽∶高 = 8∶6∶1	0.515

经以上修正后，多组分散料时的料径应为

$$d_{料} = \Phi d_p$$

于是得到修正后的适用于多组分散料层的厄根公式为

$$\frac{\Delta p}{H} = 150 \frac{(1-\varepsilon)^2}{\varepsilon^2} \frac{\mu w_k}{(\Phi d_p)^2} + 1.75 \frac{(1-\varepsilon)\rho_f w_k^2}{\varepsilon^3 \Phi d_p} \quad (7-15)$$

7.1.2 固定床内的气流分布特征

如前所述，在固定散料层内，影响气流分布及流动特点的主要因素是料层的阻力，影响阻力的因素有孔隙度，散料的大小、组成及形状，流体的黏度、密度及流速等。由式（7-15）可见，其中起决定作用的是颗粒组成及孔隙度的大小和分布。下面研究几种情况。

7.1.2.1 透气性均一的散料层

这是指散料层内的孔隙度处处相同的情况。它可以由一种散料组成，也可以由不同粒度的料块组成。但只要均匀掺和，就可认为透气性是均一的。气体在散料层中的流动也近似看作是稳定流动。

若料层高度 H 和截面 F 都相等，料顶端压力为 p_2，底端压力为 p_1，则 $\Delta p = p_1 - p_2$，气体在此压力作用下向上流动。参考式（7-1），可以认为气体通过散料层时的阻力损失为

$$\Delta p = k w_k^n H \quad \text{或} \quad w_k = \left(\frac{\Delta p}{kH}\right)^{\frac{1}{n}}$$

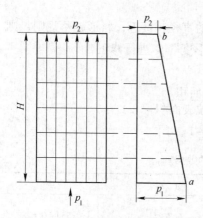

图7-4 等高线等截面垂直的均一
散料层压力和假定流速分布

式中，w_k 为假定流速；k 为包括颗粒组成、孔隙度、密度、黏度等因素在内的综合系数。若忽略边墙效应，对于均一料层，其中 Δp，k，n 沿断面各处的散料柱都是相同的。因而等截面的均一散料层横截面的流速是均匀一致的，如图7-4所示。图7-4中的流向线表示假定流速在截面上的分布和大小。流向线分布均匀，表示假定流速相等；若流向线排列紧密，表示流速大，反之表示流速小。

由于 $\frac{dp}{dH} = -kw^n$ 沿散料柱为一恒值，故沿高度的压力变化为一直线（a—b 线），沿断面的压力分布相等，如图7-4中横线所示。压力相等的几何点的连线（或面）称为等压线（或面），它们都与流速方向垂直。相邻两等压线的疏密程度表示压力变化的大小。图7-4所示的情况说明沿高度压力变化均匀。

当料层高度相等，但截面不相等时，其流速及压力分布如图7-5所示。在两侧及底部的流向线较疏，越往中心及上部越密，说明中心及上部流速大；越靠

近上部等压线越密，说明压差损失大。因等压线与流向线垂直，而流速不等，故呈现曲线形式。

当料层高度不等，截面相等时，其流速及压力分布如图 7－6 所示。在其他条件一定情况下，气流速度取决于料层高度。高度越小，阻力越小，则必然流速越大。这是因为顶部和底部之间的压力差是一定的，阻力小只有增加流速，才能使此处的阻力增加到该一定值。在高炉操作中有时就利用料柱沿断面高度的不同来调节炉内的气流分布。

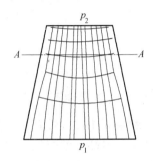

图 7－5　等高不等截面的均一散料

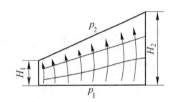

图 7－6　不等高均一散料

7.1.2.2　透气性不均一的散料层

在散料床内由于料块大小不同，装料时炉料下落分布不均，以及由于不断产生的化学反应和物态变化等原因，往往使料层内各处的透气性不同，这叫作透气性不均一的散料层。为了分析问题方便，可近似地把这种散料层看作是不同透气性的均一的散料层的组合，即看作是它们的串联或并联。

如图 7－7 所示为 2 层透气性不同的均一散料的串联。设 2 层高度各为 H_a 和 H_b，其界面与流向垂直。散料上下 2 端的压力为 p_2 和 p_1。因截面相同，据连续性方程可知，在 2 层散料中的假定流速是相等的。流向线的分布也是均匀的。

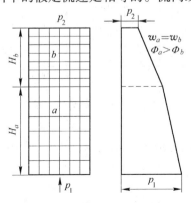

图 7－7　均一散料的串联

式（7-7）表明决定透气性大小的因素只有孔隙率 ε 和物料的平均粒径 $D_料$，若令 $\phi = f(D_料, \varepsilon)$，称为透气性指标❶，并设 a，b 两料层的透气性指标各为 ϕ_a 及 ϕ_b。则有

$$\Delta p_a = \frac{kw_a^n H_a}{\phi_a}, \Delta p_b = \frac{kw_b^n H_b}{\phi_b} \qquad (7-16)$$

故

$$\frac{\Delta p_a}{\Delta p_b} = \frac{\phi_b}{\phi_a} \frac{H_a}{H_b}$$

或写成

$$\frac{\Delta p_a / H_a}{\Delta p_b / H_b} = \frac{\phi_b}{\phi_a}$$

也即

$$\left(\frac{\mathrm{d}p}{\mathrm{d}H}\right)_a \bigg/ \left(\frac{\mathrm{d}p}{\mathrm{d}H}\right)_b = \frac{\phi_b}{\phi_a} \qquad (7-17)$$

式中，$\left(\dfrac{\mathrm{d}p}{\mathrm{d}H}\right)_a$，$\left(\dfrac{\mathrm{d}p}{\mathrm{d}H}\right)_b$ 分别为气体在 a，b 散料层中的压力梯度。由式（7-17）可见，散料层中的压力降与透气性指标成反比。料层 a 中透气性好，压力梯度较小。图7-7中，因设假定流速、ρ_f、μ 均无变化，并忽略 ζ 的变化，故压力降变化为折线，因料层沿断面透气性均匀，故同一横截面上的压力是相等的，各相邻二等压线间的距离是均匀一致的。

图7-8为两种均一散料的并联。设其透气性指标分别为 ϕ_a 和 ϕ_b，且 $\phi_a < \phi_b$。两并联散料层的高度均为 H，其下部和上部的压力各为 p_1 和 p_2。

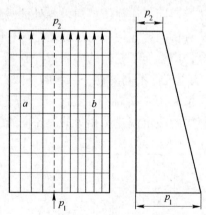

图7-8 均一散料的并联

设 a、b 两料层中的假定流速分别为 w_a 和 w_b，则由于散料层的压力差均为

---

❶ 据 Н. М. Жаворонков 的经验公式，在某些条件下之透气性能指标为 $\phi = d_孔^{1.2} \varepsilon^{1.8}$。

$\Delta p = p_1 - p_2$，据式（7 – 16），有

$$\frac{w_a}{w_b} = \left(\frac{\phi_a}{\phi_b}\right)^{\frac{1}{n}} \qquad\qquad (7 – 18)$$

式中，n 值在紊流情况下为 1.8 ~ 2.0。

可见，在其他条件（ρ_f，μ，ξ，H 等）相同情况下，并联散料中的假定流速与 $\phi^{1/1.8}$ ~ $\phi^{1/2}$ 成正比。其物理概念可认为是散料的透气性越好，其流速越大。比如运动中的炉料要比静止时的流速为大。

无论哪一列散料其压力差均为 $\Delta p = p_1 - p_2$，故同一横截面上并联散料中的各点的压力是相等的。并联情况下，等压面通过散料交界面时并无弯曲情况。

7.1.2.3　散料层中的空腔对气流分布的影响

当高炉中的炉料运动不顺时，炉料中可能产生局部的空腔，这些空腔对炉内气流分布影响是很大的。图 7 – 9 所示为均一的散料中出现空腔的情况。这时原有的散料分裂为两块均一的散料（1 和 2），在它们之间有一任意形状倾斜的扁平空腔，散料两端的压差仍为 $\Delta p = p_1 - p_2$。因气流在空腔内流动阻力很小，可忽略不计，故空腔内压力可认为处处相等，均为 p_0。由此可见这相当于两个中间留有空腔的不等高散料的组合。

由图 7 – 9 可见，在散料 1 中，阻力最小的是右侧，故右侧流速较大，流向线最密；散料 2 则与此相反。由于这样的流速分布，故空腔内的流向必然是由右向左。

等压线必与流向线垂直。由图 7 – 9 可见，假定流速大的一侧，其压力梯度大，它与流速的分布有着密切的关系。

如果在不均一的散料内出现空腔，其流速和压力分布将更为复杂一些，此处不再赘述。

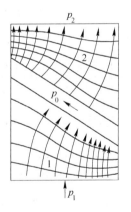

图 7 – 9　空腔示意图

7.1.2.4　器壁对散料层中气流分布的影响——边墙效应

器壁对散料层中气流分布的影响往往是不能忽略的。气流经过散料层内的流动通道是曲折的，而在靠近容器壁的地方却是曲折较少的，因此近壁处的气流阻力较小，流速就要大一些。尤其在收缩形的容器里，这种现象更为明显。相对来讲，在扩张形容器里，散料中同一截面的流速比较均匀。直筒形容器则介于二者之间。

产生这种现象的原因是，在器壁呈收缩的情况下，原来不靠近器壁的气体，在向上流动时也流到了器壁附近，这就使边缘气流较为发达。而器壁为扩张的情况下，器壁附近并不聚拢气体，所以边缘气流不是很多。

一般情况下，在散料床的器壁附近气流发展比较好，这种现象称"边墙效

应"或"边缘行程"。由上分析可见,炉型结构对边墙效应有重要的影响。

7.1.2.5　进风条件对气流分布的影响

实际上,气体进入料层和由料层排出的条件都会对气流分布产生重要影响。在料层上部保持一个适当的空间,使顶部压力分布均匀,就可为气流均匀地从顶部排出创造良好条件,所以应该说底部进风条件与气流分布的关系是最主要的也是最复杂的。

对于散料的聚集状态不发生改变的炉子来说,炉栅的型式和栅孔分布以及出料方式影响炉内断面的气流分布。比如当采用边缘出料时,容易出现边缘行程现象;但应用合理配风的炉算可以比较方便地既保证均匀出料又可做到使断面气流恰当分布。如煤气发生炉的阶梯式炉栅,固定或旋转的圆形炉栅或风帽等。

对于在炉内发生物态变化的散料床,如炼铁的高炉,由于其下部必须配有盛装液体产物的炉缸或前炉,故不能采用前述情况的炉栅,只有通过风口,从两侧或四周采用边缘鼓风的办法。

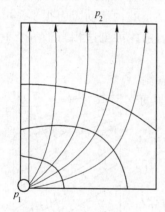

图 7-10　单一进口风
形成的放射形气流

下面分两种情况进行讨论。

一种情况是当进风速度不大时,即送风的流股没有破坏料层的结构,只有从料层的间隙穿入,只在风口处形成一个较小的孔洞。这时,因流往炉子中心时所遇的阻力很大,故在靠近风口处的静压力最大,然后向炉子中心逐渐降落。它的穿透深度很小,这为边缘行程造成有利条件,而料层中心区的风量将严重不足。单一进风口的气流和压力分布如图 7-10 所示,条件是料层内透气性均匀,高度相等,顶部是一个等压面,但底部最高压力源集中于一个点。当它向炉内供风时,相当于一个放射形气流,随气流通过的截面积增大,流量不变,假定流速越来越小。同时,因左侧气流行程短、阻力小、流速大,故流向线较密。

据前面所述,压力梯度可写成

$$\frac{dp}{d_r} = kw^n = k\left(\frac{V}{4\pi r^2}\right)^n$$

可见,离风口区越近,即 r 越小,压力梯度越大,等压线越密。

若两个风口同时相对送风,情况就有所改善,气流发生相互干扰,气流分布情况如图 7-11 所示。图中虚线表示两个风口单独工作时气流的分布。可见有许多向线都是相交的。根据平行四边形原理,在每个交点上找到气流的速度向量,就可知这交点的气流方向和速度。如图 7-11 中实线说明此时比单一风口时的气流分布要均匀得多,但中心部分一般情况仍然是不足的。此外,气流向中心的推进，不是靠气流的动能，而是靠风口与中心的压力差，因为料层阻力很大，动能很快就完全消耗了，这也正是穿透深度很小的重要原因。

当以很大的速度供风时，情况与上述情况显著不同。这时风口的气流动能将足以推动炉料运动。当 $w_f = 350\,\mathrm{m/s}$，$\rho_f = 0.75\,\mathrm{kg/m^2}$（鼓风压力 202.65kPa，温度为 700℃），阻力系数 $k = 2$ 时，其冲击压力为

$$p = k\frac{w_f^2}{2}\rho_f = 2 \times \frac{350^2}{2} \times 0.75 = 91875\,\mathrm{Pa}$$

在此情况下，流股推开风口前的炉料，直到流股压力与散料挤向中心或挤向两旁的阻力相平衡时为止。这样，就在风口附近形成一个

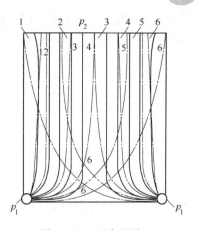

图 7－11   两个送风口
形成的放射形气流

空洞，可称为"风口区"。如图 7－12 所示，在风口区内气流与炉料形成循环运动，它使气流向炉中心和两旁扩展。循环区侧面的容积取决于相邻风口的相互位置，如靠得太近就会使风口区减小，风口区对炉子中心的穿透深度基本上取决于气流的开始速度和质量流量，而与风口深入到炉墙内的长度关系不大。如果风量一定，增大气流速度，则可使风口区向炉中心扩大，直到占满整个炉子截面，这时就相当于从炉栅下平行地向上送入气体一样了。可见提高鼓风压力，可促进气流均匀。如果风口结构采用拉瓦尔管，还可以得到更大的鼓风速度。但是，鼓风压力的增大，必须考虑顶部压力、料层高度及炉子直径的关系。比如，顶部压力为常数，则鼓风压力仅取决于风口阻力及料层阻力；如果风口阻力及透气性也已确定，则仅取决于料层高度。也就是说，只有料层较高时，才可以加大风压，才允许有较大的炉子直径。

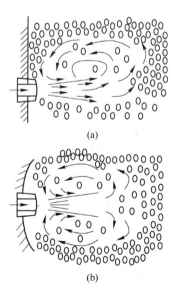

图 7－12   风口区炉料
分布截面图
（a）垂直断面；（b）水平断面

此外，炉子断面的大小还与气流的上升速度有密切关系。如果上升气流流速过大，将会把小颗粒的炉料吹走，因此实际中对上升的气流速度是有一定限制的（具体情况在下一节介绍）。对炼铁高炉采用富氧鼓风和高压操作就是在不提高上升气流速度的情况下提高生产率的措施。因为富氧鼓风可减少氮气量，高压操作可减小气体体积。

还应说明一点，本节引用了炼铁高炉的一些例证，目的是有助于对基础知识的深化。实际的高炉运动中的气体力学还要复杂得多，因为炉料是在不断运动，物态在不断发生着变化，再加上温度变化的因素，它的气流分布也是极不稳定的，所以把这些固定散料床基本知识应用于竖炉时，必须再参照具体情况加以修正，方能接近于实际。

7.2　沸腾床气体流动

沸腾床气体流动是一种比较特殊的复杂的气体力学状态。固体颗粒受流体的作用，其运动状况类似于流体状态，故又称"流态化"。这时固体粒子被相迎的气流向上抛起，就好像处于密度降低的料层中，因此粒子间摩擦力的影响要比固定床层时小得多，提供了良好的流动性和强烈混合的可能性。

与此同时，由于粒子的尺寸较小，彼此间的接触程度较小，从而使粒子与气体间的反应面积增大了，这一特点使得它的应用越来越广。如沸腾燃烧、悬浮熔炼、沸腾焙烧、流化干燥等。

关于这方面的专著很多，这里只就一些基本概念和基本参数的计算作一介绍。

7.2.1　流化现象

流体自上而下地穿过料层。当压力较小、流速较低时，床层颗粒是静止的，这就是前面所述的固定床流动情况，如图7-13（a）所示。

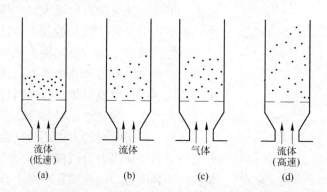

流体　　　　流体　　　　气体　　　　流体
（低速）　　　　　　　　　　　　　　　（高速）
（a）　　　　（b）　　　　（c）　　　　（d）

图7-13　气体通过散料层流态变化图
（a）固定床；（b）临界流化床；（c）聚式流化床；（d）气力输送

随着流速增加，流体在床层两端的压力降也逐渐增加。当床层两端压力降达到和床层物料的重量相等时，颗粒就不再保持静止状态，开始"松动"，这时颗粒之间接触减小，间隙加大，部分颗粒向上移动，结果床层膨胀，孔隙度加大，这就是流化（沸腾）过程的开始状态，成为"临界流化状态"，如图 7 - 13（b）所示。处于临界流化状态的床层，搅动不强烈，均匀而平稳。

随着流体速度进一步提高，床层的均匀平稳状态受到破坏。床层内粒子时而被抛起，时而落下，床层呈现剧烈的搅动，类似液体的沸腾状态。其孔隙度进一步加大，床层高度也再行加高，但其上表仍可保持一明显界面，床层两端的压力降也基本上不再变化。这就是"沸腾床"或"流化床"的流动状态。

在以气体为流化介质时，流化床层内除了均匀的气固两相物料外，还有许多大大小小气泡，在气泡中以气相为主，还有少量散落的固体物料。这种流化床称为"聚式流化床"，如图 7 - 13（c）所示。在这种流床中，在底部由于分布栅板的作用，气流分布均匀、气泡很小；随着气流上升，气泡合并，越来越大，上升速度也越来越快。大气泡的速度远大于气流的临界流化状态的速度，所以气流速度很快时，大部分气流是以气泡形式流过床层，床层的膨胀程度并不很高。处于气泡上部的颗粒将会被气泡排挤到气泡的侧边，在气泡下部有一个和气泡速度相近的尾涡，它是由强烈翻转固体物料组成的。而气泡及其尾涡上升后的空缺，将由离开气泡的固体物料的下移来填充，这就造成床层内的强烈搅动，固体颗粒（也有成团的）进行着时上时下、忽左忽右的强烈脉动。气泡在床层表面处破裂会将层内颗粒喷溅到层上的空间，有一些较大的颗粒飞到一定高度后会返回床层，而较小的颗粒则可以被气流夹带而离开炉膛或反应器。因此床层上部空间为固体颗粒呈稀相存在的区域。

在以液体为流化介质时，一般情况下，床层内两相的分布比较均匀、稳定，但粒子仍有搅动，很明显这是由于料层内介质对粒子作用力的大小和方向都在不断地变化造成的。这种状态叫作"散式流化床"。

无论散式或聚式流化，床层内的传质和传热过程都非常迅速。它们很像沸腾的液体，故又称"沸腾床"。沸腾床具有许多类似于液体的性能。如一个大而轻的物体可以浮在床层表面上；物体在床层内流动阻力很小；颗粒会自床层表面下的孔洞中流出；还可用黏度来表明其流动性能等。这种类似液体的特征，给流化床操作的机械化和自动化提供了条件。

随着床层内流体速度的进一步加大，颗粒的夹带量也增多。当流体速度超过固体颗粒的极限速度时，粒子将随气体一起带走，床层的上界面由模糊到消失，密相流化床受到破坏，而进入稀相状态，也就是"气力输送"状态，又称"悬浮状态"，如图 7 - 13（d）所示。此时的压降将大大减小。

图 7 - 14 所示为均匀散料床层的流体速度（假定速度）、床层状态及压降之间的关系。

在固定床阶段，上行曲线与下行曲线不一致。原因是开始时是随意填充状

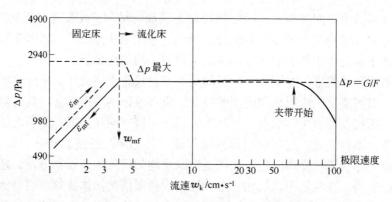

图 7 - 14　气体流速与临界压力关系图

态，孔隙度较小，颗粒间相互穿插，阻力较大，故需在稍高于临界流化压力下才能使颗粒松动，而进入流态化。一旦达到流化状态，因颗粒间的摩擦、穿插的阻力消失，孔隙度由 ε_m 增大为 ε_{mf}，故又降为临界压力 $\Delta p = G/F$。

随气流速度进一步加大，到密相被破坏的速度称为极限速度。超过极限速度即进入气力输送状态。

7.2.2　流化床的压力降和临界流化速度

由上述对流化现象的分析可知，当床层的压力降等于单位床层底面积上所承受物料柱的重量时，床层就开始进入流化状态，与此对应的流速 w_{mf} 称为临界流化速度。据此，临界流化条件为

$$\Delta p = G/F \tag{7-19}$$

式中，G 为床层料的相对重量（即料层的实际重量与所受浮力之差）；F 为床层截面积。

因流化的开始点是处于固定床与流化床之间，所以固定床床层压力降方程式仍适用于该点，不过此时的孔隙度应为经重新排列后的固定床最大孔隙度（ε_{mf}），床层高度也为与 ε_{mf} 对应的料层高度（H_{mf}）。

即

$$\frac{\Delta p}{H_{mf}} = 150 \frac{(1-\varepsilon_{mf})^2}{\varepsilon_{mf}^3} \frac{\mu w_{mf}}{\phi^2 d_p^2} + 1.75 \frac{1-\varepsilon_{mf}}{\varepsilon_{mf}^3} \frac{\rho_f w_{mf}^2}{\phi d_p} \tag{7-20}$$

此时的 ε_{mf} 一般在 0.4 ~ 0.6 之间。

单位床层底面积上散料柱的相对重量为

$$G/F = H_{mf}(1-\varepsilon_{mf})\gamma_L - H_{mf}(1-\varepsilon_{mf})\gamma_f = H_{mf}(1-\varepsilon_{mf})(\rho_L - \rho_f)g \tag{7-21}$$

将式（7-20）和式（7-21）代入式（7-19）中，并整理成无因次形式，可得

$$\frac{1.75}{\phi\varepsilon_{mf}^3}\left(\frac{d_p w_{mf}\rho_f}{\mu}\right)^2 + \frac{150(1-\varepsilon_{mf})}{\phi^2\varepsilon_{mf}^3}\left(\frac{d_p w_{mf}\rho_f}{\mu}\right) = \frac{d_p^3\rho_f(\rho_L-\rho_f)g}{\mu^2} \tag{7-22}$$

用式（7-22）可求出临界流化速度 w_{mf}。

当 $Re = \dfrac{d_p w_{mf} \rho_f}{\mu} < 20$ 时，可忽略动能损失项，把式（7-22）简化，并整理为

$$w_{mf} = \frac{\phi^2 d_p^2}{150} \frac{\rho_L - \rho_f}{\mu} g \left(\frac{\varepsilon_{mf}^3}{1 - \varepsilon_{mf}} \right) \qquad (7-23)$$

当颗粒较大，$Re > 1000$ 时，可忽略黏性损失项，式（7-22）可简化为

$$w_{mf}^2 = \frac{\phi d_p}{1.75} \frac{\rho_L - \rho_f}{\rho_f} g \varepsilon_{mf}^3 \qquad (7-24)$$

式（7-23）和式（7-24）看来简单，但 ε_{mf} 和 ϕ 均不易确定。故在工程上常采用下面的近似式

$$\frac{1}{\phi \varepsilon_{mf}^3} \approx 14, \quad \frac{1 - \varepsilon_{mf}}{\phi^2 \varepsilon_{mf}^3} \approx 11$$

大致相当于 $\phi = 0.662$，$\varepsilon_{mf} = 0.476$ 时的数值。代入式（7-22）中，可得全部雷诺数范围的表达式

$$\frac{d_p w_{mf} \rho_f}{\mu} = \left[(1650)^2 + 98 \frac{d_p^3 \rho_f (\rho_L - \rho_f) g}{\mu^2} \right]^{\frac{1}{2}} - 33.7 \qquad (7-25)$$

同样，对于 $Re < 20$ 的小颗粒（把简化条件代入式（7-23））得

$$w_{mf} = \frac{d_p^2 (\rho_L - \rho_f) g}{1650 \mu} \qquad (7-26)$$

对 $Re > 1000$ 的大颗粒（把简化条件代入式（7-24））得

$$w_{mf}^2 = \frac{d_p (\rho_L - \rho_f) g}{24.5 \rho_f} \qquad (7-27)$$

式中，d_p 为颗粒平均粒度；ρ_L、ρ_f 分别为颗粒及流体密度；g 为重力加速度。

7.2.3　极限速度

极限速度以 w_j 表示，是指颗粒的重力、浮力与流体对颗粒的阻力（此阻力随相对速度的加大而增大）三者间处于平衡时的气流速度，又称"极限降落速度"。显然，如果气流速度大于这一速度，颗粒就将被吹走。而流态化的正常速度范围应处于 w_{mf} 和 w_j 之间，因此 w_j 是正常流态化的上限。

这一速度可从直径为 d_p 的单个颗粒受力的平衡关系中导出。如图 7-15 所示，小球在与气流的相对运动中受到以下各力的作用：

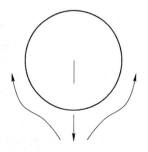

图 7-15　固体颗粒受力

（1）气体对小球的作用力（阻力）。包括动压力（冲击力）和摩擦力。这一阻力 F 的表达式为

$$F = \zeta \frac{\rho_f w_k^2}{2} \frac{\pi d_p^2}{4} \tag{7-28}$$

式中，ζ 为阻力系数，为 Re 值的函数，可见阻力 F 是随 w_k 的增大而增加的，并且方向向上。

（2）重力和浮力。其相对重量 G 为

$$G = (\rho_L - \rho_f) g \frac{\pi d_p^3}{6} \tag{7-29}$$

G 的方向向下。显然，当 $F = G$ 时，小球所受各力处于平衡状态，颗粒将会呈现匀速运动，而当 $F > G$ 时，颗粒就会被吹走。据此分析可求得 w_j。

即当 $F = G$ 时（此时相应的 w_k 为 w_j）有

$$(\rho_L - \rho_f) g \frac{\pi d_p^3}{6} = \zeta \frac{\rho_f W_k^2}{2} \frac{\pi d_p^2}{4}$$

整理可得

$$w_f = \sqrt{\frac{4}{3} \frac{\rho_L - \rho_f}{\rho_f} \frac{g d_p}{\zeta}} \tag{7-30}$$

式中，$\zeta = f(Re)$，$Re = \dfrac{w_j d_p \rho_f}{\mu}$。

据实验得知：

当 $Re < 1$ 时，$\zeta = 24/Re$（层流区）；

当 $1 < Re < 500$ 时，$\zeta = 10/Re^{0.5}$（紊流区）；

当 $Re > 500$ 时，$\zeta = 0.43$（自模化区）。

将各 Re 范围的 ζ 值代入式（7-30）可得各段的计算式。即

$Re < 1$ 时

$$w_f = \frac{1}{18}(\rho_L - \rho_f) \frac{g d_p^2}{\mu} (\text{m/s}) \tag{7-31}$$

$1 < Re < 500$ 时：

$$w_f = \left[\frac{4}{225} \frac{(\rho_L - \rho_f)^2 g^2}{\rho_f \mu} \right]^{\frac{1}{3}} d_p (\text{m/s}) \tag{7-32}$$

$500 < Re < 2 \times 10^5$ 时：

$$w_f = \left[\frac{3.1(\rho_L - \rho_f) g d_p}{\rho_f} \right]^{\frac{1}{2}} (\text{m/s}) \tag{7-33}$$

一般在工程中的粒子运动均处于这三个区域之内，就是说实用中 Re 值极少超出 2×10^5。如果是非球形颗粒，同样需要引入球形度 ϕ 进行修正。

但在应用上述公式进行时，需要先知道 w_j 才能算知 Re 范围，才能确定采用哪一个公式，而 w_j 恰为待求的数值，这就为究竟选用那个公式带来困难。因此，通常的办法是设法将 Re 范围转换成 Ar（阿基米德数，$Ar = (gd_p^3/\gamma^2)(\rho_L - \rho_f)/\rho_f$）数范围，这样便可以根据颗粒和除流速以外的气体其他物理参数来确定相应的 w_f 计算式了。具体转换办法如下：

将通用式（7-30）变形，即对

$$\zeta = \frac{4}{3} \frac{\rho_L - \rho_f}{\rho_f} \frac{gd_p}{w_j^2}$$

的两端各乘以 Re^2，则

$$\zeta Re^2 = \left(\frac{4}{3} \frac{\rho_L - \rho_f}{\rho_f} \frac{gd_p}{w_j^2}\right) \frac{w_j^2 d_p^2 \rho_f^2}{\mu^2} = \frac{4}{3} \frac{(\rho_L - \rho_f)\rho_f gd_p^3}{\mu^2} = \frac{4}{3}\left(\frac{\rho_L - \rho_f}{\rho_f} \frac{gd_p^3}{\gamma^2}\right) = \frac{4}{3} Ar$$

$$(7-34)$$

式中，$Ar = \dfrac{\rho_L \rho_f}{\rho_f} \dfrac{gd_p^3}{\gamma^2}$ 即为阿基米德数。它的物理意义是上升力与黏性力的比值。

可见，ζRe^2 仅取决于颗粒和流体参数，而不受速度因素影响。据此可以得出：

由于 $Re \leqslant 1$ 时，$\zeta = 24/Re$，代入准数式（7-34）中，得

$$Ar \leqslant 18$$

也就是当计算 $Ar \leqslant 18$ 时，就可用层流区的方程式来计算 w_j。同理得：

当 $1 \leqslant Re \leqslant 500$ 时，$\zeta = 10/Re^{0.5}$，代入式（7-34）得

$$18 \leqslant Ar \leqslant 8.385 \times 10^4$$

这时要用紊流区的方程式来计算 w_j。

当 $Re \geqslant 500$ 时，

$$Ar \geqslant 8.385 \times 10^4$$

这时要用自模区的方程式来计算 w_j。综上可见，Ar 越大时，相应的 w_j 也越大。即 Ar 越大，颗粒越不容易被吹走。

例 7-3 一直径为 0.001m 的圆球，其密度 $\rho_L = 2200 \text{kg/m}^3$，空气密度 $\rho_f = 1.2 \text{kg/m}^3$，$\mu = 18.1 \times 10^{-6} \text{Pa} \cdot \text{s}$，求 w_j。

解： 先求 Ar，以确定流动形态。

$$Ar = \frac{\rho_f(\rho_L - \rho_f)gd_p^3}{\mu^2}$$

$$= \frac{1.2(2200 - 1.2) \times 9.81 \times 0.001^3}{(18.1 \times 10^{-6})^2}$$

$$= 7.9 \times 10^4$$

属紊流范围。则

$$w_j = \left[\frac{4}{225} \frac{(\rho_L - \rho_f)^2 g^2}{\rho_f \mu} \right]^{\frac{1}{3}} d_p$$

$$= \left[\frac{4}{225} \frac{(2200 - 1.2)^2 \times 9.81^2}{1.2 \times 18.1 \times 10^{-6}} \right]^{\frac{1}{3}} \times 0.001$$

$$= 7.25 \, (\text{m/s})$$

7.2.4　流化床的孔隙度和高度

　　散料床层在气流的速度大于临界流化速度后，就进入流化状态，这时压力降落尽管基本上不再变化，但床层的孔隙度却将随气流速度的提高而加大，床层当然也将随之增高，直到流速达到极限速度 w_j 以后，$\varepsilon = 1$，上表面界限消失。

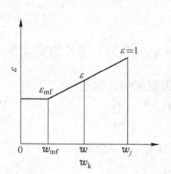

图 7-16　料层孔隙率与操作速度关系

　　通常将在 w_{mf} 和 w_j 范围（即正常流化范围）内的气体假定流速叫作操作速度。在此范围内的料层孔隙度 ε 与操作速度之间的关系，目前看法不一，且均有实验依据。有的认为二者间存在正比关系，有的认为二者间是指数关系。前者较为简便，用者较多，如按正比关系，则如图 7-16 所示。

　　它们之间的关系式如下：

$$\frac{\varepsilon - \varepsilon_{mf}}{w - w_{mf}} = \frac{1 - \varepsilon_{mf}}{w_f - w_{mf}}$$

即得

$$\varepsilon = \varepsilon_{mf} + (1 - \varepsilon_{mf}) \frac{w - w_{mf}}{w_f - w_{mf}} \qquad (7-35)$$

可见，流化床内的孔隙度是临界孔隙度 ε_{mf}、临界流化速度 w_{mf}、操作速度 w 和极限速度 w_j 的函数。

　　前苏联学者 O. M. Толес 推荐的计算 ε 的经验式为

$$\varepsilon = \left(\frac{18Re + 0.36Re^2}{Ar} \right)^{0.21} \qquad (7-36)$$

式中

$$Ar = \frac{g d_p^3}{\gamma^2} \frac{\rho_L - \rho_f}{\rho_f}; \quad Re = \frac{w d_p \rho_f}{\mu}$$

于是只要知道料粒和气体的物理性能（γ，ρ_f，ρ_L，d_p，μ）和操作速度 w 便可求得 ε。

　　据力的平衡关系，对于单位床层截面积来说，尽管高度变化，但料粒重量是不变的，也即

$$G = H_{mf}(1 - \varepsilon_{mf})\rho_L g = H(1 - \varepsilon)\rho_L g$$

则得床层高度为

$$H = H_{mf}\frac{1 - \varepsilon_{mf}}{1 - \varepsilon} \qquad (7-37)$$

式中，H 为对应于操作速度 w 时的床层高度，m；H_{mf} 为到达 w_{mf} 但尚未流化时的床高，m。

显然，提高操作速度时，由于孔隙度上升，所以料层高度也上升。

7.2.5 关于稳定沸腾的条件

为使料层内工艺过程顺利进行，必须建立稳定的沸腾层（即指在操作速度范围内部不发生气泡和沸涌而能稳定地工作的沸腾层）。它与许多因素有关，下面只就速度比、粒度比和分布栅板的影响作一介绍。

7.2.5.1 速度比

前面谈到，流化床的操作速度范围必须处于 w_{mf} 和 w_j 之间。其中间的范围越大，说明稳定操作的范围越大。把此范围用二者之比来表示，即用 w_j/w_{mf} 作为衡量流化床稳定范围的一个指标。

已知处于层流区域时，

$$w_j = \frac{1}{18}(\rho_L - \rho_f)\frac{gd_p^2}{\mu} \qquad (7-38)$$

$$w_{mf} = \frac{1}{1650}(\rho_L - \rho_f)\frac{gd_p^2}{\mu} \qquad (7-38a)$$

则

$$\frac{w_j}{w_{mf}} = \frac{1650}{18} = 91.7$$

当处于自模范围时，已知

$$w_j = \left(\frac{3.1(\rho_L - \rho_f)gd_p}{\rho_f}\right)^{\frac{1}{2}} \qquad (7-39)$$

$$w_{mf} = \left(\frac{1}{24.5}\frac{(\rho_L - \rho_f)gd_p}{\rho_f}\right)^{\frac{1}{2}} \qquad (7-39a)$$

则

$$w_j/w_{mf} = \sqrt{3.1 \times 24.5} = 8.7$$

由此分析可见，随着颗粒越大或 Re 值越大时，其允许的速度比越小（由 91.7 变化到 8.7），即越不容易在较宽的速度范围内保持稳定沸腾。如果允许的速度比大，则操作速度的比也大，易于建立稳定的沸腾层。

应该说明一点，这里得出的速度比与有些书不大一致，是由于取用的 ζ，ε_{mf} 以及 w_{mf} 不尽一致的原因。实际中当夹带或吹出不大严重，以及有回收除尘装置情况下，操作速度也可以超出此限。

7.2.5.2　粒度比

在实际工程中，所有散料颗粒尺寸往往不是均一的，而是在一定范围内大小不一的颗粒。如前述可知，无论是临界流化速度 w_{mf} 或是极限速度 w_j 都是对应着一定的颗粒尺寸的。因而当在某一速度下操作时，对于某一粒径的大颗粒来说可能只达到它的临界速度，而对于其中的小颗粒来说就可能已达到或超过它的极限速度了。正因为如此，在粒度不均的沸腾床中，小颗粒多集中于床的上部，并且孔隙度也比下部大。所以为保持稳定而均匀的流化操作，对散料的粒径范围也应有个限度，它可以用粒度比来表示。

把对应于 w_{mf} 的粒径（d_{mf}）叫作临界粒度；对应于 w_j 的粒径（d_j）叫作极限粒度，则据式（7－38）和式（7－38a），在 Re 较小，属层流范围时，有

$$w = w_{mf} = w_j = \frac{(\rho_L - \rho_f)}{1650} \frac{g d_{mf}^2}{\mu} = \frac{(\rho_L - \rho)}{18} \frac{g d_j^2}{\mu}$$

则

$$\frac{d_{mf}}{d_j} = \sqrt{\frac{1650}{18}} = 9.5$$

在 Re 较大属自模化范围时，据式（7－39）和（7－39a），则有

$$w = w_{mf} = w_j = \left[\frac{(\rho_L - \rho_f) g d_{mf}}{24.5 \times \rho_f}\right]^{\frac{1}{2}} = \left[\frac{3.1(\rho_L - \rho_f) g d_j}{\rho_f}\right]^{\frac{1}{2}}$$

可得

$$d_{mf}/d_j = 24.5 \times 3.1 = 75.9$$

以上结果表明，从粒度范围来说，其稳定操作的范围较广，特别在自模化区操作时更是如此。当然实际上还是应力求粒度均匀，以保证均匀沸腾的工艺条件。实际观察表明，粒度在 0.1～4mm 范围内的颗粒可得到较为均匀而稳定的沸腾。

还应指出，前面引出的一些方程式都是在一定理想条件下，并应用了一些简化条件得出的，所以应用时还要参照实际条件加以修正。

7.2.5.3　分布栅板

分布栅板在床层的最低端，它起着支撑物料和左右气流分布的重要作用，即在很大程度上影响着床层内气流分布的均匀性和沸腾操作的稳定性。分布板的形式很多，如单孔式、多孔式、烧结板式、错迭式、填料式和风罩式等。当分布板的气孔打开且不均时容易产生"沟流"（即"气沟"）及"沸涌"（分隔床）现象（当然还有其他因素的作用，如粒子的均匀度、粒度及床的宽度比等），如图 7－17 所示。这两种现象都是造成不稳定沸腾的重要原因。如果分布板的孔眼小而均、细而密，并具有适当的压力降，则易使气流

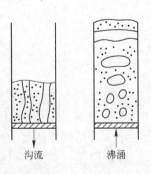

图 7－17　沟流与沸涌
现象示意图

均匀分布，可防止因产生大气泡造成的沟流和沸涌（也叫腾涌）。

实验证明，当分布栅板的压降较大时，可以减小因偶然因素（栅板的制作和操作等）形成的气流不均现象。原因是对于分布板中的气体流动状况阻力起较大作用，它可使各通道的流量"自行调节"而在一定程度上趋于均匀，称为"似阻尼作用"。当然，这会造成较大的动力消耗，需要适当。许多研究者指出，此栅板的压力降可取床层总压降的 10% 左右，并且最小值取 3430Pa 较为适当。

有的资料建议，设计时取此压降为床层压降的 40% ~ 90% 左右，这是考虑了动力的余量系数在内。

7.2.5.4 料层高度

料层太薄时容易因气流分布波动而形成气沟，故料层高度一般应在 0.3m 以上，料层过厚，使鼓风的动力消耗增加，也不宜采用。

此外，料层和气体的重度对稳定沸腾也有一定影响，在此不作介绍了。

7.3 气力输送

气力输送也叫悬浮状流动，其特点是散料可随气流一起流动。利用这一特征可使散状物料在输送过程中或在输送的终端同时进行粉碎、分级、干燥、加热以及冷却等工艺过程，也可用于粉料的运输。应用也日益广泛。

这种流动过程影响因素多而复杂，一般均在理论分析基础上依靠实验进行修正来解决工程计算问题。由于对于实验数据的测定和整理方法各不相同，计算式的形式也多种多样，取用时需要注意其应用条件。这里只介绍一些基本概念。

7.3.1 垂直流动时气流的最低速度和颗粒的最终速度

前文谈到，在散料床中，当气流的速度大于颗粒的极限速度时，颗粒才能被吹走。因此，实现气力输送过程需要有较高的气流速度。但与流化床相比，这时颗粒之间的碰撞进一步减小，压力降也大为减小。

为了保证工艺上要求的炉料在炉内的停留时间，同时又不使料粒从两相流中沉降下来，应当了解气流最低速度、料粒最终速度以及达到最终速度的时间。

7.3.1.1 气流最低速度

如前所述，当气流（对于散料粒径来说）达到极限速度时，此时颗粒的重力与气流所造成的阻力，以及颗粒所受的浮力三者之间将处于平衡状态。可见达到悬浮流动的气流最低速度就是颗粒的极限速度（又称极限降落速度或自由沉降速度），其计算式即为式（7-30）。在不同的 Re 范围内，可利用式（7-31）~式（7-33），或采用式（7-34）的办法来求得。

7.3.1.2 颗粒最终速度

当气流速度大于 w_j 时，颗粒产生向上的加速度。此时按力的平衡关系，应为

$$m \frac{\mathrm{d}w_L}{\mathrm{d}\tau} = \zeta \frac{w_{f-L}^2}{2g} r_f A - G_L \tag{7-40}$$

式中，w_L 为颗粒的上升速度；m 为颗粒的质量；$w_{f-L} = w_f - w_L$，为气流的相对速度；ζ 为阻力系数，它包括了动压力及摩擦阻力；A 为颗粒的迎流面积；G_L 为颗粒的重量，这里忽略了浮力，因为固体颗粒的重度比气体大得多，且粒径很小。式（7-40）可改写为

$$m \frac{\mathrm{d}w_L}{\mathrm{d}\tau} = \frac{\zeta (w_f - w_L)^2}{2g} r_f - \frac{\zeta A w_f^2}{2g} r_f \tag{7-40a}$$

这里 w_L 在有加速的运动中是逐渐变化的，若 w_f 一定，随着 w_L 的增加，$(w_f - w_L)$ 逐渐减小，最后

$$\frac{\mathrm{d}w_L}{\mathrm{d}\tau} \to 0$$

而为匀速运动。

由于设 $G_L = mg = \frac{\zeta A w_f^2}{2g} r_f$，可变形为

$$\frac{mg}{w_f^2} = \frac{\zeta A r_f}{2g} \tag{7-41}$$

将式（7-41）代入式（7-40a）可得

$$m \frac{\mathrm{d}w_L}{\mathrm{d}\tau} = \frac{mg}{w_j^2} (w_f - w_L)^2 - \frac{mg}{w_j^2} w_j^2$$

整理之，有

$$\frac{\mathrm{d}w_L}{\mathrm{d}\tau} = g \left[\left(\frac{w_f - w_L}{w_j} \right)^2 - 1 \right] \tag{7-42}$$

当达到 $\frac{\mathrm{d}w_L}{\mathrm{d}\iota} = 0$ 时，由式（7-42）可得

$$\frac{w_f - w_L}{w_j} = 1$$

即
$$w_L = w_f - w_j \tag{7-43}$$

此时的颗粒速度就是达到匀速时的最终速度，在 w_f 一定时，它将不再变化，等于气流实际速度与气流极限速度之差。

7.3.1.3 料粒由加速达到匀速运动（即终速）的时间

把式（7-42）变形

$$\frac{\mathrm{d}w_L}{\left(\dfrac{w_f - w_L}{w_j}\right)^2 - 1} = g\mathrm{d}\tau$$

进行积分。取积分限，当 $\tau = 0$ 时，$w_L = 0$，则得

$$\frac{1}{2}w_j\left[\ln\frac{1 - \dfrac{w_L}{w_f + w_j}}{1 - \dfrac{w_L}{w_f - w_j}}\right] = g\tau \tag{7-44}$$

由式（7-44）可见，当 $w_L = w_f - w_j$ 时，$\iota = \infty$。就是说颗粒上升流动需经无限长的时间才能达到最终的匀速运动的速度。在实际中只要找出颗粒上升接近于最终速度所需的时间即可。并且这一时间是很短的，只需 $2 \sim 3\mathrm{s}$ 即可完成。只要掌握了料粒的最终速度就可在一定精度范围内确定料粒的流量及完成工艺需求时间的所需路程。

7.3.2 气力输送中的压力降

气力输送过程中，管道内 2 点间的压力降可按通常的能量平衡方程式来计算。不同的是流体是由气—固相组成的两相混合物。这时输送所需的总重量，即总压力降可考虑是由下面 3 部分组成：

$$p_1 - p_2 = \bar{\rho}g(h_2 - h_1) + \frac{w_L}{2}\rho_L + \Delta p_{失} \tag{7-45}$$

式（7-45）右端第一项为由于位头变化而引起的静压的变化。其中 $\bar{\rho}$ 为两相混合物的平均密度，$\bar{\rho} = \rho_L(1 - \varepsilon) + \rho_f\varepsilon$；$h_1$，$h_2$ 分别为对应于 p_1，p_2 点的高度。

第二项为使固体颗粒加速所需的动能。当颗粒已处于匀速运动时，则不需此项。由于

$$\frac{w_L^2}{2}\rho_L = \frac{w_L}{2}w_L\rho_L = \frac{w_L G_L}{2}$$

G_L 为单位面积上固体散料的质量流量。令 $B = \dfrac{G_L}{G_f} = \dfrac{w_L\rho_L}{w_f\rho_f}$，则

$$\frac{w_L^2}{2}\rho_L = \frac{w_L}{2}\rho_f w_f \frac{G_L}{G_f} = \frac{w_L}{2}\rho_f w_f B \tag{7-46}$$

式（7-46）中 $B = G_L/G_f$ 为固体料和气体的质量流量比，称为"气固比"。

第三项 $\Delta p_{失}$，包括气流与管壁的摩擦、颗粒间的碰撞以及颗粒与管壁的摩擦损失和局部损失，是非常复杂的。其计算方法有人采用分别计算 2 种介质的摩擦及局部损失而后后相加；有人采用综合测定阻力系数。但常用而简单的方法是单独计算气体流动的阻力损失，而后用系数进行修正的办法。即

$$\Delta p_{失} = \Delta p_f \times a$$

计算 a 的经验式（刀根英明提出），对垂直管道有

$$a = \frac{250}{w_f^{1.5}} + 0.15B$$

若为水平管道时 $a = \sqrt{\dfrac{30}{w_f}} + 0.2B$。

　　把上述三部分能量相加，再考虑其他未计入的因素，最后确定压力降时要把计算值加大 $10\% \sim 20\%$。

　　上面讨论的情况均为垂直方向的气力输送概念，对于水平的和螺旋的两相流，情况将更为复杂一些，但基本概念是一致的，需要时可参考有关专著。

练 习 题

1. 试求 $\Phi = 0.18\text{mm}$、$\rho_L = 2200\text{kg/m}^3$ 的球形颗粒，在密度 $\rho_f = 0.275\text{kg/m}^3$、$\mu = 48.36 \times 10^{-6}$ Pa·s 的烟气中的极限速度。

2. 试求出立方体的球形度 ϕ。

3. $\phi = 0.35\text{mm}$，$\rho_L = 2120\text{kg/m}^3$ 的球形颗粒，在 $\rho_f = 0.266\text{kg/m}^3$ 和 $\mu = 49.5 \times 10^{-6}\text{Pa·s}$ 的烟气流中（烟气流速为 3m/s）垂直运动，求颗粒的最终速度及方向。

4. 已知颗粒的 $\rho_L = 2120\text{kg/m}^3$，$d_p = 1174\text{mm}$，分别求通过该颗粒床层的20℃空气（$\rho_f = 1.2\text{kg/m}^3$，$\mu = 18.1 \times 10^{-6}\text{Pa·s}$）和1000℃烟气（$\rho_f = 0.275\text{kg/m}^3$，$\mu = 48.36 \times 10^{-6}\text{Pa·s}$）的临界流化速度和临界质量流量。

参 考 文 献

[1] 王华，等. 冶金热工基础［M］. 长沙：中南大学出版社，2010.

[2] 赵承庆，姜毅. 气体射流动力学［M］. 北京：北京理工大学出版社，1998.

[3] 清华大学力学系. 流体力学基础（上）［M］. 北京：机械工业出版社，1980.

[4] 潘文全. 流体力学基础（下）［M］. 北京：机械工业出版社，1982.

[5] 刘人达. 冶金炉热工基础［M］. 北京：冶金工业出版社，1980.

[6] 薛祖绳. 工程流体力学［M］. 北京：水利电力出版社，1984.

[7] 蔡乔方. 加热炉［M］. 北京：冶金工业出版社，1983.

[8] 许玉望. 流体力学泵与风机［M］. 北京：中国建筑工业出版社，1995.

[9] 东北工学院冶金炉教研室. 冶金炉理论基础［M］. 北京：冶金工业出版社，1959.

[10] 东北工学院冶金炉教研室. 冶金炉热工及构造［M］. 北京：中国工业出版社，1961.

[11] 谢安国. 热工气体力学（讲义），1993.

[12] 纳扎罗夫. 工业炉理论基础（上册）气体力学［M］. 北京：冶金工业出版社，1957.

[13] ［苏］格林科夫. 冶金炉［M］. 北京：高等教育出版社，1955.

[14] 陈鸿复. 冶金炉热工与构造［M］. 北京：冶金工业出版社，1990.

[15] 贺成林，李月娥. 冶金炉热工基础［M］. 北京：冶金工业出版社，1979.

[16] 东北工学院冶金炉教研室，北京钢铁学院冶金炉教研组. 冶金炉［M］. 北京：中国工业出版社，1961.

附　录

附录1　国际单位、工程单位、英制单位及其换算

物理量	国际单位	工程单位	换算单位	英制单位	换算单位
质量	千克(kg)	千克力·秒^2/米 = 千克质量	$1kgf \cdot s^2/m$ = 9.81kg	斯勒格(slug)	1slug = 14.59kg
长度	米(m)	米(m)		英尺(ft)	1ft = 0.3048m
时间	秒(s)	秒(s)		秒(s)	
温度	开尔文或摄氏(K)或(℃)	开尔文或摄氏(K)或(℃)		克氏或华氏(R)或(℉)	$t(℉) = \frac{5}{9}(t-32)(℃)$
力	牛 ($N = kg \cdot m/s^2$)	千克力(kgf)	1kgf = 9.81N	磅力 ($1lbf = slug \cdot ft$)	1lbf = 4.448N
压力应力	帕=牛/米^2 ($Pa = N/m^2$)	千克力/米^2 (kgf/m^2)	$1kgf/m^2$ = $9.81N/m^2$	磅/英尺^2 (lb/ft^2)	$1lb/ft^2$ = 47.88
功	牛·米 ($N \cdot m$)	千克力·米 ($kgf \cdot m$)	$1kgf \cdot m$ = $9.81N \cdot m$	磅·英尺 ($lb \cdot ft$)	$1lb \cdot ft$ = $1.356N \cdot m$
热量	焦耳 ($J = N \cdot m$)	千卡 (kcal)	1kcal = 4187J	英热单位 (BTU)	1BTU = 1.356J
功率	瓦 ($W = N \cdot m/s$)	瓦 ($W = \frac{1}{9.81}kgf \cdot m/s$)		马力 ($hp = 550lb \cdot ft/s$)	1hp = 745.6W
密度	千克/米^3 (kg/m^3)	千克力·秒^2/米^4 ($kgf \cdot s^2/m^4$)	$1kgf \cdot s^2/m^4$ = $9.81kg/m^3$	斯勒格/英尺^3 ($slug/ft^3$)	$1slug/ft^3$ = $51.55kg/m^3$
速度	米/秒 (m/s)	米/秒 (m/s)		英尺/秒 (ft/s)	1ft/s = 0.3048m/s
气体常数	牛·米/(千克·开尔文) $N \cdot m/(kg \cdot K)$ = $m^2/(s^2 \cdot K)$	(千克力·米/千克质量·开尔文) ($m^2/(s^2 \cdot K)$)		磅·英尺/斯勒格·克氏 ($lb \cdot ft/(slug \cdot R)$)	$1lb \cdot ft/(slug \cdot R)$ = $0.1672N \cdot m/(kg \cdot K)$

续附录 1

物理量	国际单位	工程单位	换算单位	英制单位	换算单位
动力黏性系数	泊或千克/(米·秒) $(P = 0.1 kg/(m \cdot s))$ 或$(kg/m \cdot s = Pa \cdot s)$	千克力·秒/米^2 $(kgf \cdot s/m^2)$	$1 kgf \cdot s/m^2$ $= 9.81 kg/(m \cdot s)$	斯勒格/英尺·秒 $(slug/ft \cdot s)$	$1 slug/ft \cdot s$ $= 47.88 kg/ms$
运动黏性系数	米^2/秒 (m^2/s)	米^2/秒 (m^2/s)		英尺^2/秒 (ft^2/s)	$1 ft^2/s$ $= 0.0929 m^2/s$
热传导系数	牛/(秒·开尔文) $N/(s \cdot K)$ $= W/(m \cdot K)$	千克力/(秒·开尔文) $(kgf/(s \cdot K))$	$1 kgf/s \cdot K$ $= 9.81 N/(s \cdot K)$	磅/秒·克氏 $(lb/(s \cdot R))$	$1 lb/(s \cdot R)$ $= 8.007 N/(s \cdot K)$

注:1. $1 atm = 1.0133 bar = 1.0133 \times 10^5 Pa = 1.0336 ata = 1.0336 kgf/cm^2 = 10336 mmH_2O = 14.7 lbf/in^2$。

2. $t(\text{℃}) = (t + 273) K; t(\text{℉}) = (t + 460) R$。

附录 2　标准大气参数表

H/m	T/K	$a/m \cdot s^{-1}$	p/Pa	$\rho/kg \cdot m^{-3}$	$\mu/Pa \cdot s$
0	288.2	340.3	1.0133×10^5	1.225	1.789×10^{-5}
500	284.9	338.4	0.95461×10^5	1.167	1.774×10^{-5}
1000	281.7	336.4	0.89876×10^5	1.111	1.758×10^{-5}
1500	278.4	334.5	0.84560×10^5	1.058	1.742×10^{-5}
2000	275.2	332.5	0.79501×10^5	1.007	1.726×10^{-5}
2500	271.9	330.6	0.74692×10^5	0.9570	1.710×10^{-5}
3000	268.7	328.6	0.70121×10^5	0.9093	1.694×10^{-5}
3500	265.4	326.6	0.65780×10^5	0.8634	1.678×10^{-5}
4000	262.2	324.6	0.61660×10^5	0.8194	1.661×10^{-5}
4500	258.9	322.6	0.57753×10^5	0.7770	1.645×10^{-5}
5000	255.7	320.5	0.54048×10^5	0.7364	1.628×10^{-5}
5500	252.4	318.5	0.50539×10^5	0.6975	1.612×10^{-5}
6000	249.2	316.5	0.47218×10^5	0.6601	1.595×10^{-5}
6500	245.9	314.4	0.44075×10^5	0.6243	1.578×10^{-5}
7000	242.7	312.3	0.41105×10^5	0.5900	1.561×10^{-5}
7500	239.5	310.2	0.38300×10^5	0.5572	1.544×10^{-5}
8000	236.2	308.1	0.35652×10^5	0.5258	1.527×10^{-5}
8500	233.0	306.0	0.33154×10^5	0.4958	1.510×10^{-5}
9000	229.7	303.8	0.30801×10^5	0.4671	1.493×10^{-5}
9500	226.5	301.7	0.28585×10^5	0.4397	1.475×10^{-5}

续附录2

H/m	T/K	$a/\text{m} \cdot \text{s}^{-1}$	p/Pa	$\rho/\text{kg} \cdot \text{m}^{-3}$	$\mu/\text{Pa} \cdot \text{s}$
10000	223.3	299.5	0.26500×10^5	0.4135	1.458×10^{-5}
11000	216.7	295.1	0.22700×10^5	0.3648	1.422×10^{-5}
12000	216.7	295.1	0.19399×10^5	0.3119	1.422×10^{-5}
13000	216.7	295.1	0.16580×10^5	0.2666	1.422×10^{-5}
14000	216.7	295.1	0.14170×10^5	0.2279	1.422×10^{-5}
15000	216.7	295.1	0.12112×10^5	0.1948	1.422×10^{-5}
16000	216.7	295.1	0.10353×10^5	0.1665	1.422×10^{-5}
17000	216.7	295.1	8.8497×10^3	0.1423	1.422×10^{-5}
18000	216.7	295.1	7.5652×10^3	0.1217	1.422×10^{-5}
19000	216.7	295.1	6.4675×10^3	0.1040	1.422×10^{-5}
20000	216.7	295.1	5.5293×10^3	0.08891	1.422×10^{-5}
25000	221.5	298.4	2.5492×10^3	0.04008	1.448×10^{-5}
30000	226.5	301.7	1.1970×10^3	0.01841	1.475×10^{-5}
35000	236.5	308.3	0.57459×10^3	0.008463	1.529×10^{-5}
40000	250.4	317.2	0.28714×10^3	0.003996	1.601×10^{-5}
45000	264.2	325.8	0.14910×10^3	0.001966	1.671×10^{-5}
50000	270.7	329.8	7.9779×10^1	0.001027	1.704×10^{-5}
55000	265.6	326.7	4.27516×10^1	0.0005608	1.678×10^{-5}
60000	255.8	320.6	2.2461×10^1	0.0003059	1.629×10^{-5}
65000	239.3	310.1	1.1446×10^1	0.0001667	1.543×10^{-5}
70000	219.7	297.1	5.5205×10^0	0.00008754	1.438×10^{-5}
75000	200.2	283.6	2.4904×10^0	0.00004335	1.329×10^{-5}
80000	180.7	269.4	1.0366×10^0	0.00001999	1.216×10^{-5}

附录3　一个大气压下的空气的黏度系数

$t/\text{℃}$	$\mu/\text{Pa} \cdot \text{s}$	$\nu/\text{m}^2 \cdot \text{s}^{-1}$	$t/\text{℃}$	$\mu/\text{Pa} \cdot \text{s}$	$\nu/\text{m}^2 \cdot \text{s}^{-1}$
0	0.0172×10^{-3}	13.7×10^{-6}	90	0.0216×10^{-3}	22.9×10^{-6}
10	0.0178×10^{-3}	14.7×10^{-6}	100	0.0218×10^{-3}	23.6×10^{-6}
20	0.0183×10^{-3}	15.7×10^{-6}	120	0.0228×10^{-3}	26.2×10^{-6}
30	0.0187×10^{-3}	16.6×10^{-6}	140	0.0236×10^{-3}	28.5×10^{-6}
40	0.0192×10^{-3}	17.6×10^{-6}	160	0.0242×10^{-3}	30.6×10^{-6}
50	0.0196×10^{-3}	18.6×10^{-6}	180	0.0251×10^{-3}	33.2×10^{-6}
60	0.0201×10^{-3}	19.6×10^{-6}	200	0.0259×10^{-3}	35.8×10^{-6}
70	0.0204×10^{-3}	20.5×10^{-6}	250	0.0280×10^{-3}	42.8×10^{-6}
80	0.0210×10^{-3}	21.7×10^{-6}	300	0.0298×10^{-3}	49.9×10^{-6}

附录4　主要气体物性值（$p_0 = 101.325\text{kPa}$）

气　体	温度 T/K	密度 ρ $/\text{kg} \cdot \text{m}^{-3}$	定压比热容 c_p $/\text{kJ} \cdot (\text{kg} \cdot \text{K})^{-1}$	动力黏性系数 μ $/\mu\text{Pa} \cdot \text{s}$	运动黏性系数 ν $/\text{mm}^2 \cdot \text{s}^{-1}$	热传导系数 λ $/\text{mW} \cdot (\text{m} \cdot \text{K})^{-1}$
氦 He	200	0.24371	5.193	15.35	63.0	115
	300	0.16253	5.193	19.93	122.6	152.7
	400	0.12190	5.193	24.29	199.3	188.2
氖 Ne	300	0.8792	1.030	31.71	38.7	49.3
	400	0.6147	1.030	38.45	62.6	59.0
氩 Ar	300	1.6237	0.5215	22.71	13.99	17.67
	400	1.2170	0.5209	28.91	23.76	22.32
氢 H_2	100	0.2457	11.2	4.21	17.1	67.6
	200	0.1228	13.53	6.81	55.5	130
	300	0.08183	14.31	8.96	109.5	181
	400	0.06138	14.48	10.85	176.8	226
氮 N_2	200	1.7106	1.043	12.86	7.52	18.26
	300	1.1382	1.041	17.87	15.70	25.98
	400	0.85325	1.044	22.17	25.98	32.62
氧 O_2	200	1.9557	0.915	14.75	7.54	18.43
	300	1.3007	0.920	20.72	15.93	26.29
	400	0.9752	0.942	25.82	26.48	34.07
一氧化碳 CO	300	1.1381	1.042	17.80	15.64	24.87
	400	0.8532	1.048	22.09	25.89	31.58
二氧化碳 CO_2	300	1.7965	0.8518	14.91	8.30	16.55
	400	1.3434	0.9417	19.39	14.43	24.3
一氧化氮 NO	280	1.307	0.9976	18.23	13.95	24.3
	360	1.016	0.9930	22.28	21.93	30.3
空气	100	3.6109	1.072	7.1	1.97	9.22
	200	1.7679	1.009	13.4	7.58	18.10
	300	1.1763	1.007	18.62	15.83	26.14
	400	0.8818	1.015	23.27	26.39	33.05
	500	0.7053	1.031	27.21	38.58	39.51
	600	0.5878	1.052	30.78	52.36	45.6
	1000	0.3527	1.142	43.08	122.1	67.2

续附录4

气　体	温度 T/K	密度 ρ /kg·m^{-3}	定压比热容 c_p /kJ·(kg·K)$^{-1}$	动力黏性系数 μ /μPa·s	运动黏性系数 ν /mm^2·s^{-1}	热传导系数 λ /mW·(m·K)$^{-1}$
水蒸气 H_2O	400	0.5550	2.000	13.29	24.0	26.84
	500	0.4410	1.983	17.27	39.2	35.97
	600	0.3667	2.024	21.41	58.4	46.40
重水蒸气 D_2O	400	0.6167	1.852	13.83	22.4	26.19
	500	0.4902	1.879	17.75	36.2	35.24
甲烷 CH_4	200	0.9835	2.11	7.76	7.89	21.8
	300	0.6527	2.24	11.17	17.11	33.50
	400	0.4890	2.53	14.31	29.3	49.36
丙烷 C_3H_8	273.1	2.0080	1.598	7.5	3.7	15.7
	300	1.8196	1.684	8.21	4.51	18.4
	400	1.3521	2.134	10.8	8.0	30.3

附录5　气体的 μ_0，T_0 及 C 值及估算导热系数的用值

气体	T_0/K	$\mu_0/Pa·s$	C/K	n	适用的温度范围/K
空气	273.15	0.716×10^{-4}	110.6	0.666	210~1900
氩	273.15	0.2125×10^{-4}	144.4	0.72	200~1500
氮	273.15	0.1663×10^{-4}	106.7	0.67	222~1500
氧	273.15	0.1919×10^{-4}	138.9	0.69	230~2000
氢	273.15	0.08411×10^{-4}	96.7	0.68	224~1100
一氧化碳	273.15	0.1657×10^{-4}	136.1	0.71	230~1500
二氧化碳	273.15	0.1370×10^{-4}	222.2	0.79	200~1700

估算导热系数的用值

气体	$\lambda_0/W·(m·K)^{-1}$	n	C/K	适用温度范围/K
空气	0.024	0.81	194.4	273.15~1273.15
氮	0.024	0.76	166.7	273.15~1273.15
氧	0.024	0.86	222.2	273.15~1273.15
氢	0.174	0.85	166.7	180~700
氩	0.0163	0.73	150	150~1500
氨	0.143	0.73		273.15~773.15
一氧化碳	0.022	0.85	177.8	128~600
二氧化碳	0.014	1.38	222.2	180~600
甲烷	0.030	1.33		273.15~873.15
乙烷	0.019	1.67		273.15~873.15

附录6　普朗特－迈耶尔气动函数表

θ/(°)　　　k Ma	1. 10	1. 20	1. 30	1. 40
1. 00	0. 0000	0. 0000	0. 0000	0. 0000
1. 02	0. 1441	0. 1374	0. 1313	0. 1257
1. 04	0. 4034	0. 3843	0. 3669	0. 3510
1. 06	0. 7339	0. 6984	0. 6661	0. 6367
1. 08	1. 1191	1. 0638	1. 0136	0. 9680
1. 10	1. 5492	1. 4710	1. 4004	1. 3362
1. 12	2. 0175	1. 9136	1. 8199	1. 7350
1. 14	2. 5189	2. 3867	2. 2676	2. 1599
1. 16	3. 0496	2. 8863	2. 7397	2. 6073
1. 18	3. 6062	3. 4094	3. 2331	3. 0742
1. 20	4. 1862	3. 9535	3. 7454	3. 5582
1. 22	4. 7873	4. 5161	4. 2743	4. 0572
1. 24	5. 4075	5. 0956	4. 8180	4. 5693
1. 26	6. 0452	5. 6902	5. 3749	5. 0931
1. 28	6. 6988	6. 2984	5. 9437	5. 6271
1. 30	7. 3670	6. 9190	6. 5229	6. 1702
1. 32	8. 0487	7. 5507	7. 1116	6. 7213
1. 34	8. 7428	8. 1926	7. 7086	7. 2793
1. 36	9. 4482	8. 8437	8. 3131	7. 8434
1. 38	10. 1943	9. 5032	8. 9242	8. 4129
1. 40	10. 8900	10. 1702	9. 5413	8. 9869
1. 42	11. 6248	10. 8440	10. 1635	9. 5649
1. 44	12. 3679	11. 5240	10. 7904	10. 1463
1. 46	13. 1188	12. 2097	11. 4212	10. 7304
1. 48	13. 8767	12. 9003	12. 0555	11. 3168
1. 50	14. 6413	13. 5954	12. 6927	11. 9051
1. 52	15. 4121	14. 2946	13. 3325	12. 4948
1. 54	16. 1884	14. 9973	13. 9744	13. 0855
1. 56	16. 9700	15. 7033	14. 6179	13. 6768
1. 58	17. 7565	16. 4119	15. 2628	14. 2685

$\theta/(°)$ k Ma	1.10	1.20	1.30	1.40
1.60	18.5474	17.1230	15.9088	14.8602
1.62	19.3424	17.8362	16.5554	14.4516
1.64	20.1412	18.5512	17.2024	16.0425
1.66	20.9434	19.2676	17.8496	16.6327
1.68	21.7489	19.9852	18.4967	17.2218
1.70	22.5572	20.7037	19.1434	17.8097
1.72	23.3682	21.4229	19.7897	18.3962
1.74	24.1815	22.1426	20.4348	18.9812
1.76	24.9970	22.8625	21.0792	19.5644
1.78	25.8144	23.5825	21.7224	20.1456
1.80	26.6336	24.3032	22.3643	20.7248
1.82	27.4543	25.0217	23.0047	21.3019
1.84	28.2763	25.7406	23.6435	21.8766
1.86	29.0995	26.4588	24.2805	22.4489
1.88	29.9237	27.1762	24.9157	23.0187
1.90	30.7487	27.8927	25.5488	23.5859
1.92	31.5744	28.6080	26.1798	24.1503
1.94	32.4006	29.3221	26.8086	24.7120
1.96	33.2272	30.0348	27.4350	25.2708
1.98	34.0540	30.7461	28.0590	25.8266
2.00	34.8810	31.4558	28.6806	26.3795
2.05	36.9482	33.2223	30.2229	27.7481
2.10	39.0136	34.9769	31.7480	29.0968
2.15	41.0756	36.7183	33.2549	30.4250
2.20	43.1320	38.4453	34.7430	31.7322
2.25	45.1843	40.1569	36.2115	33.0181
2.30	47.2284	41.8525	37.6601	34.2824
2.35	49.2643	43.5312	39.0883	35.5251
2.40	51.2911	45.1926	40.4958	36.7461
2.45	53.3079	46.8360	41.8825	37.9455

$\theta/(°)$ ＼ k ＼ Ma	1.10	1.20	1.30	1.40
2.50	55.3140	48.4610	43.2481	39.1232
2.55	57.3086	50.0674	44.5927	40.2794
2.60	59.2912	51.6547	45.9163	41.4143
2.65	61.2612	53.2229	47.2188	42.5281
2.70	63.2181	54.7717	48.5003	43.6210
2.75	65.1614	56.3010	49.7610	44.6934
2.80	67.0980	57.8107	51.0010	45.7454
2.85	69.0059	59.3008	52.2205	56.7775
2.90	70.9063	60.7712	53.4193	47.7898
2.95	72.7918	62.2221	54.5987	48.7828
3.00	74.6622	63.6534	55.7578	49.7568
3.05	76.5172	65.0652	56.8974	50.7122
3.10	78.3566	66.4576	58.0176	51.6492
3.15	80.1802	67.8308	59.1188	52.5683
3.20	81.9880	69.1848	60.2011	53.4698
3.25	81.7798	70.5198	61.2650	54.3540
3.30	85.5555	71.8361	62.3106	55.2214
3.35	87.3150	73.1336	63.3384	56.0722
3.40	89.0582	74.4128	64.3486	56.9069
3.45	90.7852	75.6736	65.3415	57.7258
3.50	92.4959	76.9165	66.3174	58.5291
3.55	94.1903	78.1414	67.2766	59.3174
3.60	95.8684	79.3488	68.2195	60.0908
3.65	97.5301	80.5387	69.1463	60.8498
3.70	99.1756	81.7115	70.0574	61.5946
3.75	100.8094	82.8673	70.9530	62.3256
3.80	102.4179	84.0065	71.8334	63.0431
3.85	104.0149	85.1291	72.6990	63.7474
3.90	105.5957	86.2355	73.5500	64.4388
3.95	107.1606	87.3259	74.3867	65.1176

θ/(°)　k　Ma	1.10	1.20	1.30	1.40
4.00	108.7095	88.4006	75.2094	65.7841
4.10	111.7599	90.5035	76.8140	67.0813
4.20	114.7478	92.5463	78.3659	68.3325
4.30	117.6739	94.5307	79.8672	69.5399
4.40	120.5391	96.4588	81.3200	70.7054
4.50	123.3445	98.3322	82.7262	71.8310
4.60	126.0991	100.1527	84.0878	72.9184
4.70	128.7798	101.9223	85.4065	73.9693
4.80	131.4118	103.6424	86.6841	74.9855
4.90	133.9881	105.3149	87.9222	75.9684
5.00	136.5100	106.9414	89.1225	76.9194
5.10	138.9785	108.5233	90.2864	77.8401
5.20	141.3948	110.0623	91.4154	78.7316
5.30	143.7600	111.5598	92.5110	79.5953
5.40	146.0752	113.0171	93.5744	80.4324
5.50	148.3417	114.4358	94.6068	81.2439
5.60	150.5604	115.8171	95.6096	82.0310
5.70	152.7326	117.1622	96.5839	82.7947
5.80	154.8592	118.4725	97.5307	83.5359
5.90	156.9415	119.7491	98.4511	84.2556
6.00	158.9805	120.9932	99.3462	84.9546
6.10	160.9771	122.2057	100.2169	85.6338
6.20	162.9326	123.3879	101.0641	86.2939
6.30	164.8478	124.5407	101.8886	86.9357
6.40	166.7237	125.6651	102.6914	87.5599
6.50	168.5614	126.7620	103.4732	88.1672
6.60	170.3618	127.8324	104.2347	88.7583
6.70	172.1258	128.8771	104.9768	89.3337
6.80	173.8544	129.8969	105.7001	89.8940
6.90	175.5484	130.8927	106.4053	90.4399

θ/(°) \ k Ma	1. 10	1. 20	1. 30	1. 40
7. 00	177. 2086	131. 8653	107. 0929	90. 9718
7. 10	178. 8360	132. 8153	107. 7637	91. 4902
7. 20	180. 4314	133. 7435	108. 4182	91. 9957
7. 30	181. 9956	134. 6505	109. 0570	92. 4886
7. 40	183. 5292	135. 5372	109. 6805	92. 9695
7. 50	186. 0332	136. 4040	110. 2894	93. 4387
7. 60	186. 5083	137. 2516	110. 8841	93. 8967
7. 70	187. 9551	138. 0806	111. 4650	94. 3438
7. 80	189. 3745	138. 8915	112. 0326	94. 7804
7. 90	190. 7670	139. 6850	112. 5874	95. 2070
8. 00	192. 1333	140. 4615	113. 1298	95. 6237
8. 50	198. 5946	144. 1066	115. 6685	97. 5712
9. 00	204. 4919	147. 3964	117. 9496	99. 3171
9. 50	209. 8901	150. 3783	120. 0095	100. 8904
10. 00	214. 8453	153. 0920	121. 8780	102. 3152
11. 00	233. 6162	157. 8437	125. 1365	104. 7946
12. 00	231. 1242	161. 8625	127. 8803	106. 6510
13. 00	237. 6127	165. 3025	130. 2207	108. 6510
14. 00	243. 2689	168. 2782	132. 2396	110. 1787
15. 00	248. 2386	170. 8761	133. 9982	111. 5079
16. 00	252. 6363	173. 1630	135. 5434	112. 6747
17. 00	256. 5531	175. 1909	136. 9116	1137070
18. 00	260. 0622	177. 0010	138. 1312	114. 6266
19. 00	263. 2228	178. 6263	139. 2251	115. 4510
20. 00	266. 0837	180. 0934	140. 2116	116. 1941
21. 00	268. 6848	181. 4243	141. 1058	116. 8673
22. 00	271. 0596	182. 6368	141. 9199	117. 4801
23. 00	273. 2359	183. 7461	142. 6642	118. 0402
24. 00	275. 2374	184. 7646	143. 3473	118. 5540
25. 00	277. 0840	185. 7031	143. 9764	119. 0271
∞	322. 4318	208. 4962	159. 1987	130. 4541

附录7　正激波前后气流参数表

Ma_1	Ma_2	p_2/p_1	V_1/V_2 或 ρ_2/ρ_1	T_2/T_1	p_{02}/p_{01}	p_{02}/p_1
1.50	0.49153	2.45833	1.86207	1.32022	0.92979	3.4133
1.51	0.48661	2.49345	1.87918	1.32688	0.92659	3.4512
1.52	0.48181	2.52880	1.89626	1.33357	0.92332	3.4894
1.53	0.47711	2.56438	1.91331	1.34029	0.92000	3.5279
1.54	0.47250	2.60020	1.93033	1.34703	0.91662	3.5667
1.55	0.46799	2.63625	1.94732	1.35379	0.91319	3.6057
1.56	0.46358	2.67253	1.96427	1.36057	0.90970	3.6450
1.57	0.45926	2.70905	1.98119	1.36738	0.90615	3.6846
1.58	0.45502	2.74580	1.99808	1.37422	0.90255	3.7244
1.59	0.45087	2.78278	2.01493	1.38108	0.89890	3.7646
1.60	0.44681	2.82000	2.03175	1.38797	0.89520	3.8050
1.61	0.44282	2.85745	2.04852	1.39488	0.89145	3.8456
1.62	0.43892	2.89513	2.06526	1.40182	0.88765	3.8866
1.63	0.43509	2.93305	2.08197	1.40879	0.88381	3.9278
1.64	0.43134	2.97120	2.09863	1.41578	0.87992	3.9693
1.65	0.42766	3.00958	2.11525	1.42280	0.87599	4.0110
1.66	0.42405	3.04820	2.13183	1.42985	0.87201	4.0531
1.67	0.42051	3.08705	2.14836	1.43693	0.86800	4.0953
1.68	0.41704	3.12613	2.16486	1.44403	0.86394	4.1379
1.69	0.41364	3.16545	2.18131	1.45117	0.85985	4.1807
1.70	0.41030	3.20500	2.19772	1.45833	0.85572	4.2238
1.71	0.40702	3.24478	2.21408	1.46552	0.85156	4.2672
1.72	0.40380	3.28480	2.23040	1.47274	0.84736	4.3108
1.73	0.40064	3.32505	2.24667	1.47999	0.84312	4.3547
1.74	0.39754	3.36553	2.26289	1.48727	0.83886	4.3989
1.75	0.39450	3.40625	2.27907	1.49458	0.83457	4.4433
1.76	0.39151	3.44720	2.29520	1.50192	0.83024	4.4880
1.77	0.38857	3.48838	2.31128	1.50929	0.82589	4.5330
1.78	0.38569	3.52980	2.32731	1.51669	0.82151	4.5782
1.79	0.38286	3.57145	2.34329	1.52412	0.81711	4.6237
1.80	0.38007	3.61333	2.35922	1.53158	0.81268	4.6695
1.81	0.37734	3.65545	2.37510	1.53907	0.80823	4.7155

Ma_1	Ma_2	p_2/p_1	V_1/V_2 或 ρ_2/ρ_1	T_2/T_1	p_{02}/p_{01}	p_{02}/p_1
1.82	0.37466	3.69780	2.39093	1.54659	0.80376	4.7618
1.83	0.37202	3.74038	2.40671	1.55415	0.79927	4.8084
1.84	0.36942	3.78320	2.42244	1.56173	0.79476	4.8552
1.85	0.36687	3.82625	2.43811	1.56935	0.79023	4.9023
1.86	0.36437	3.86953	2.45373	1.57700	0.78569	4.9497
1.87	0.36190	3.91305	2.46930	1.58468	0.78112	4.9973
1.88	0.35948	3.95680	2.48481	1.59239	0.77655	5.0452
1.89	0.35710	4.00078	2.50027	1.60014	0.77196	5.0934
1.90	0.35476	4.04500	2.51568	1.60792	0.76736	5.1418
1.91	0.35246	4.08945	2.53103	1.61573	0.76274	5.1905
1.92	0.35019	4.13413	2.54633	1.62357	0.75812	5.2394
1.93	0.34796	4.17905	2.56157	1.63144	0.75349	5.2886
1.94	0.34577	4.22420	2.57675	1.63935	0.74884	5.3381
1.95	0.34361	4.26958	2.59188	1.64729	0.74420	5.3878
1.96	0.34149	4.31520	2.60695	1.65527	0.73954	5.4378
1.97	0.33940	4.36105	2.62196	1.66328	0.73488	5.4881
1.98	0.33735	4.40713	2.63692	1.67132	0.73021	5.5386
1.99	0.33532	4.45345	2.65182	1.67939	0.72555	5.5894
2.00	0.33333	4.50000	2.66667	1.68750	0.72087	5.6404
2.01	0.33137	4.54678	2.68145	1.69564	0.71620	5.6918
2.02	0.32944	4.59380	2.69618	1.70382	0.71153	5.7433
2.03	0.32754	4.64105	2.71085	1.71203	0.70685	5.7952
2.04	0.32567	4.68853	2.72546	1.72027	0.70218	5.8473
2.05	0.32383	4.73625	2.74002	1.72855	0.69751	5.8996
2.06	0.32202	4.78420	2.75451	1.73686	0.69284	5.9523
2.07	0.32023	4.83238	2.76895	1.74521	0.68817	6.0051
2.08	0.31847	4.88080	2.78332	1.75359	0.68351	6.0583
2.09	0.31674	4.92945	2.79764	1.76200	0.67885	6.1117
2.10	0.31503	4.97833	2.81190	1.77045	0.67420	6.1654
2.11	0.31335	5.02745	2.82610	1.77893	0.66956	6.2193
2.12	0.31169	5.07680	2.84024	1.78745	0.66492	6.2735
2.13	0.31006	5.12638	2.85432	1.79601	0.66029	6.3280

Ma_1	Ma_2	p_2/p_1	V_1/V_2 或 ρ_2/ρ_1	T_2/T_1	p_{02}/p_{01}	p_{02}/p_1
2.14	0.30845	5.17620	2.86835	1.80459	0.65567	6.3827
2.15	0.30686	5.22625	2.88231	1.81322	0.65105	6.4377
2.16	0.30530	5.27653	2.89621	1.82188	0.64645	6.4929
2.17	0.30376	5.32705	2.91005	1.83057	0.64185	6.5484
2.18	0.30224	5.37780	2.92383	1.83930	0.63727	6.6042
2.19	0.30075	5.42878	2.93756	1.84806	0.63270	6.6602
2.20	0.29927	5.48000	2.95122	1.85686	0.62814	6.7165
2.21	0.29782	5.53145	2.96482	1.86569	0.62359	6.7730
2.22	0.29638	5.58313	2.97837	1.87456	0.61905	6.8298
2.23	0.29497	5.63505	2.99185	1.88347	0.61453	6.8869
2.24	0.29357	5.68720	3.00527	1.89241	0.61002	6.9442
2.25	0.29220	5.73958	3.01863	1.90138	0.60553	7.0018
2.26	0.29084	5.79220	3.03194	1.91040	0.60105	7.0597
2.27	0.28950	5.84505	3.04518	1.91944	0.59659	7.1178
2.28	0.28818	5.89813	3.05836	1.92853	0.59214	7.1762
2.29	0.28688	5.95145	3.07149	1.93765	0.58771	7.2348
2.30	0.28560	6.00500	3.08455	1.94680	0.58329	7.2937
2.31	0.28433	6.05878	3.09755	1.95599	0.57890	7.3528
2.32	0.28308	6.11280	3.11049	1.96522	0.57452	7.4122
2.33	0.28184	6.16705	3.12338	1.97448	0.57015	7.4719
2.34	0.28063	6.22153	3.13620	1.98378	0.56581	7.5319
2.35	0.27943	6.27625	3.14897	1.99311	0.56148	7.5920
2.36	0.27824	6.33120	3.16167	2.00249	0.55718	7.6525
2.37	0.27707	6.38638	3.17432	2.01189	0.55289	7.7132
2.38	0.27592	6.44180	3.18690	2.02134	0.54862	7.7742
2.39	0.27478	6.49745	3.19943	2.03082	0.54437	7.8354
2.40	0.27365	6.55333	3.21190	2.04033	0.54014	7.8969
2.41	0.27254	6.60945	3.22430	2.04988	0.53594	7.9587
2.42	0.27145	6.66580	3.23665	2.05947	0.53175	8.0207
2.43	0.27036	6.72238	3.24894	2.06910	0.52758	8.0830
2.44	0.26929	6.77920	3.26117	2.07876	0.52344	8.1455
2.45	0.26824	6.83625	3.27335	2.08846	0.51931	8.2083

续附录7

Ma_1	Ma_2	p_2/p_1	V_1/V_2 或 ρ_2/ρ_1	T_2/T_1	p_{02}/p_{01}	p_{02}/p_1
2.46	0.26720	6.89353	3.28546	2.09819	0.51521	8.2713
2.47	0.26617	6.95105	3.29752	2.10797	0.51113	8.3346
2.48	0.26515	7.00880	3.30951	2.11777	0.50707	8.3982
2.49	0.26415	7.06678	3.32145	2.12762	0.50303	8.4620
2.50	0.26316	7.12500	3.33333	2.13750	0.49901	8.5261
2.51	0.26218	7.18345	3.34516	2.14742	0.49502	8.5905
2.52	0.26121	7.24213	3.35692	2.15737	0.49105	8.6551
2.53	0.26026	7.30105	3.36863	2.16737	0.48711	8.7200
2.54	0.25931	7.36020	3.38028	2.17739	0.48318	8.7851
2.55	0.25838	7.41958	3.39187	2.18746	0.47928	8.8505
2.56	0.25746	7.47920	3.40341	2.19756	0.47540	8.9161
2.57	0.25655	7.53905	3.41489	2.20770	0.47155	8.9820
2.58	0.25565	7.59913	3.42631	2.21788	0.46772	9.0482
2.59	0.25476	7.65945	3.43767	2.22809	0.46391	9.1146
2.60	0.25389	7.72000	3.44898	2.23834	0.46012	9.1813
2.61	0.25302	7.78078	3.46023	2.24863	0.45636	9.2483
2.62	0.25216	7.84180	3.47143	2.25896	0.45263	9.3155
2.63	0.25131	7.90305	3.48257	2.26932	0.44891	9.3829
2.64	0.25048	7.96453	3.49365	2.27972	0.44522	9.4506
2.65	0.24965	8.02625	3.50468	2.29015	0.44156	9.5186
2.66	0.24883	8.08820	3.51565	2.30063	0.43792	9.5869
2.67	0.24802	8.15038	3.52657	2.31114	0.43430	9.6554
2.68	0.24722	8.21280	3.53743	2.32168	0.43070	9.7241
2.69	0.24643	8.27545	3.54824	2.33227	0.42714	9.7931
2.70	0.24565	8.33833	3.55899	2.34289	0.42359	9.8624
2.71	0.24488	8.40145	3.56969	2.35355	0.42007	9.9319
2.72	0.24412	8.46480	3.58033	2.36425	0.41657	10.0017
2.73	0.24336	8.52838	3.59092	2.37498	0.41310	10.0718
2.74	0.24262	8.59220	3.60146	2.38576	0.40965	10.1421
2.75	0.24188	8.65625	3.61194	2.39657	0.40623	10.2127
2.76	0.24115	8.72053	3.62237	2.40741	0.40283	10.2835
2.77	0.24043	8.78505	3.63274	2.41830	0.39945	10.3546

Ma_1	Ma_2	p_2/p_1	V_1/V_2 或 ρ_2/ρ_1	T_2/T_1	p_{02}/p_{01}	p_{02}/p_1
2.78	0.23971	8.84980	3.64307	2.42922	0.39610	10.4259
2.79	0.23901	8.91478	3.65334	2.44018	0.39277	10.4975
2.80	0.23831	8.98000	3.66355	2.45117	0.38946	10.5694
2.81	0.23762	9.04545	3.67372	2.46221	0.38618	10.6415
2.82	0.23693	9.11113	3.68383	2.47328	0.38293	10.7139
2.83	0.23626	9.17705	3.69389	2.48439	0.37969	10.7865
2.84	0.23559	9.24320	3.70389	2.49554	0.37649	10.8594
2.85	0.23493	9.30958	3.71385	2.50672	0.37330	10.9326
2.86	0.23427	9.37620	3.72375	2.51794	0.37014	11.0060
2.87	0.23363	9.44305	3.73361	2.52920	0.36700	11.0797
2.88	0.23299	9.51013	3.74341	2.54050	0.36389	11.1536
2.89	0.23235	9.57745	3.75316	2.55183	0.36080	11.2278
2.90	0.23173	9.64500	3.76286	2.56321	0.35773	11.3022
2.91	0.23111	9.71278	3.77251	2.57462	0.35469	11.3770
2.92	0.23049	9.78080	3.78211	2.58607	0.35167	11.4519
2.93	0.22989	9.84905	3.79167	2.59755	0.34867	11.5271
2.94	0.22928	9.91753	3.80117	2.60908	0.34570	11.6026
2.95	0.22869	9.98625	3.81062	2.62064	0.34275	11.6784
2.96	0.22810	10.05520	3.82002	2.63224	0.33982	11.7544
2.97	0.22752	10.12438	3.82937	2.64387	0.33692	11.8306
2.98	0.22694	10.19380	3.83868	2.65555	0.33404	11.9072
2.99	0.22637	10.26345	3.84794	2.66726	0.33118	11.9839
3.00	0.22581	10.33333	3.85714	2.67901	0.32834	12.0610
3.50	0.20354	14.12500	4.26087	3.31505	0.21295	16.2420
4.00	0.18919	18.50000	4.57143	4.04688	0.13876	21.0681
4.50	0.17940	23.45833	4.81188	4.87509	0.09170	26.5387
5.00	0.17241	29.00000	5.00000	5.80000	0.06172	32.6535
6.00	0.16335	41.83333	5.26829	7.94059	0.02965	46.8152
7.00	0.15789	57.00000	5.44444	10.46939	0.01535	63.5526
8.00	0.15436	74.50000	5.56522	13.38672	0.00849	82.8655
9.00	0.15194	94.33333	5.65116	16.69273	0.00496	104.7536
10.00	0.15021	116.50000	5.71429	20.38750	0.00304	129.2170
∞	0.37796	∞	6.0000	∞	0	∞

附录8　气体的基本常数

气体名称及分子式	相对分子质量	重度 γ_0（标态）/kgf·m⁻³	0℃定压比热 C_p（标态）		0℃定容比热 C_V（标态）		绝热指数 $k=\dfrac{C_p}{C_V}$	临界温度 $T_临$/℃	临界压力 $p_临$（大气压）
			kcal/(kg·℃)	kcal/(m³·℃)	kcal/(kg·℃)	kcal/(m³·℃)			
氮 N_2	28.016	1.2507	0.250	0.311	0.178	0.222	1.40	−147.1	33.49
氢 H_2	2.016	0.0899	3.390	0.305	2.42	0.217	1.407	−239.9	12.8
氧 O_2	32.00	1.429	0.218	0.312	0.156	0.222	1.40	−118.8	49.713
氨 NH_3	17.032	0.771	0.494	0.376	0.383	0.291	1.29	+132.4	111.5
苯 C_6H_6	78.11		0.299	1.042	0.272	0.948	1.10	+288.5	47.7
空气	28.95	1.293	0.241	0.311	0.172	0.222	1.40	−140.7	37.2
水蒸气 H_2O	18.02	0.810	0.446	0.358	0.334	0.269	1.33	+374.0	224.7
一氧化碳 CO	28.01	1.250	0.249	0.311	0.180	0.222	1.40	−140.2	34.53
二氧化碳 CO_2	44.01	1.970	0.195	0.384	0.150	0.296	1.30	+31.1	72.9
二氧化硫 SO_2	64.07	2.927	0.151	0.414	0.120	0.331	1.25	+157.2	77.78
甲烷 CH_4	16.042	0.717	0.531	0.370	0.406	0.282	1.31	−82.1	45.7
乙烷 C_2H_6	30.068	1.356	0.413	0.555	0.345	0.462	1.20	+32.1	48.8
乙烯 C_2H_4	28.052	1.261	0.365	0.456	0.292	0.365	1.25	+9.5	50.7
乙炔 C_2H_2	26.036	1.171	0.402	0.467	0.323	0.377	1.24	+35.7	61.6
丙烷 C_3H_8	44.094	2.020	0.445	0.875	0.394	0.774	1.13	+95.6	43.0
硫化氢 H_2S	34.086	1.520	0.236	0.360	0.179	0.273	1.32		

附录9　干空气的物理性质

（在一工程大气压下，$p=97.8$kPa）

温度/℃	γ /kgf·m⁻³	c_p kcal/(kg·℃)	c_p kJ/(kg·K)	λ kcal/(m·h·℃)	λ W/(m·K)	α m²/h	μ kg·s/m²	ν m²/s	Pr
0	1.252	0.241	1.009	2.04×10^{-2}	2.373×10^{-2}	6.75×10^{-2}	1.75×10^{-6}	13.7×10^{-6}	0.723
10	1.206	0.241	1.009	2.11×10^{-2}	2.454×10^{-2}	7.24×10^{-2}	1.81×10^{-6}	14.7×10^{-6}	0.722

温度/℃	γ /kgf·m^{-3}	c_p kcal/(kg·℃)	c_p kJ/(kg·K)	λ kcal/(m·h·℃)	λ W/(m·K)	α m^2/h	μ kg·s/m^2	ν m^2/s	Pr
20	1.164	0.242	1.013	2.17×10^{-2}	2.524×10^{-2}	7.66×10^{-2}	1.86×10^{-6}	15.7×10^{-6}	0.722
40	1.092	0.242	1.013	2.28×10^{-2}	2.652×10^{-2}	8.65×10^{-2}	1.96×10^{-6}	17.6×10^{-6}	0.722
60	1.025	0.243	1.017	2.41×10^{-2}	2.803×10^{-2}	9.65×10^{-2}	2.05×10^{-6}	19.6×10^{-6}	0.722
80	0.968	0.244	1.022	2.52×10^{-2}	2.931×10^{-2}	10.65×10^{-2}	2.14×10^{-6}	21.7×10^{-6}	0.722
100	0.916	0.244	1.022	2.64×10^{-2}	3.070×10^{-2}	11.80×10^{-2}	2.22×10^{-6}	23.78×10^{-6}	0.722
140	0.827	0.245	1.026	2.86×10^{-2}	3.325×10^{-2}	14.10×10^{-2}	2.40×10^{-6}	28.45×10^{-6}	0.722
180	0.755	0.247	1.034	3.07×10^{-2}	3.570×10^{-2}	16.50×10^{-2}	2.55×10^{-6}	33.17×10^{-6}	0.722
200	0.723	0.247	1.034	3.18×10^{-2}	3.698×10^{-2}	17.80×10^{-2}	2.64×10^{-6}	35.82×10^{-6}	0.722
400	0.508	0.253	1.059	4.17×10^{-2}	4.850×10^{-2}	32.4×10^{-2}	3.36×10^{-6}	64.9×10^{-6}	0.722
600	0.400	0.260	1.089	5.00×10^{-2}	5.814×10^{-2}	49.1×10^{-2}	4.00×10^{-6}	98.1×10^{-6}	0.723
800	0.325	0.266	1.114	5.75×10^{-2}	6.687×10^{-2}	68.0×10^{-2}	4.54×10^{-6}	137.0×10^{-6}	0.725
1000	0.268	0.272	1.139	6.55×10^{-2}	7.617×10^{-2}	89.9×10^{-2}	5.05×10^{-6}	185.0×10^{-6}	0.727
1200	0.238	0.278	1.164	7.27×10^{-2}	8.456×10^{-2}	113.0×10^{-2}	5.50×10^{-6}	232.5×10^{-6}	0.730
1400	0.204	0.284	1.189	8.00×10^{-2}	9.304×10^{-2}	138.0×10^{-2}	5.89×10^{-6}	282.5×10^{-6}	0.736
1600	0.182	0.291	1.218	8.70×10^{-2}	10.120×10^{-2}	165.0×10^{-2}	6.28×10^{-6}	338.0×10^{-6}	0.740
1800	0.165	0.297	1.243	9.40×10^{-2}	10.934×10^{-2}	192.0×10^{-2}	6.68×10^{-6}	397.0×10^{-6}	0.744

附录10　烟气（$CO_2 = 13\%$，$H_2O = 11\%$，$N_2 = 76\%$）物理参数（$p = 101.325 kPa$）

温度/℃	γ /kgf·m^{-3}	c_p kcal/(kg·℃)	c_p kJ/(kg·K)	λ kcal/(m·h·℃)	λ W/(m·K)	α m^2/h	μ kg·s/m^2	ν m^2/s	Pr
0	1.295	0.249	1.043	1.96×10^{-2}	2.28×10^{-2}	6.08×10^{-2}	1.609×10^{-6}	12.20×10^{-6}	0.72
100	0.950	0.255	1.068	2.69×10^{-2}	3.13×10^{-2}	11.10×10^{-2}	2.079×10^{-6}	21.54×10^{-6}	0.69
200	0.748	0.262	1.097	3.45×10^{-2}	4.01×10^{-2}	17.60×10^{-2}	2.497×10^{-6}	32.80×10^{-6}	0.67
300	0.617	0.268	1.122	4.16×10^{-2}	4.84×10^{-2}	25.16×10^{-2}	2.878×10^{-6}	45.81×10^{-6}	0.65
400	0.525	0.275	1.151	4.90×10^{-2}	5.70×10^{-2}	33.94×10^{-2}	3.230×10^{-6}	60.38×10^{-6}	0.64
500	0.457	0.283	1.185	5.64×10^{-2}	6.56×10^{-2}	43.61×10^{-2}	3.553×10^{-6}	76.30×10^{-6}	0.63

温度 /℃	γ /kgf·m⁻³	c_p kcal/(kg·℃)	kJ/(kg·K)	λ kcal/(m·h·℃)	W/(m·K)	α m²/h	μ kg·s/m²	ν m²/s	Pr
600	0.405	0.290	1.214	6.38×10^{-2}	7.42×10^{-2}	54.32×10^{-2}	3.860×10^{-6}	93.61×10^{-6}	0.62
700	0.363	0.296	1.239	7.11×10^{-2}	8.27×10^{-2}	66.17×10^{-2}	4.148×10^{-6}	112.1×10^{-6}	0.61
800	0.3295	0.302	1.264	7.87×10^{-2}	9.15×10^{-2}	79.09×10^{-2}	4.422×10^{-6}	131.8×10^{-6}	0.61
900	0.301	0.308	1.289	8.61×10^{-2}	10.01×10^{-2}	92.87×10^{-2}	4.680×10^{-6}	152.5×10^{-6}	0.59
1000	0.275	0.312	1.306	9.37×10^{-2}	10.90×10^{-2}	109.21×10^{-2}	4.930×10^{-6}	174.3×10^{-6}	0.58
1100	0.257	0.316	1.323	10.10×10^{-2}	11.75×10^{-2}	124.37×10^{-2}	5.169×10^{-6}	197.1×10^{-6}	0.57
1200	0.240	0.320	1.340	10.85×10^{-2}	12.62×10^{-2}	141.27×10^{-2}	5.402×10^{-6}	221.0×10^{-6}	0.56

附录 11　气体绝热流（等熵流）函数表（$k = 1.4$）

Ma	$w/w_临$	p/p_0	γ/γ_0 或 ρ/ρ_0	T/T_0	$F/F_临$
0.00	0.00000	1.00000	1.00000	1.00000	∞
0.01	0.01095	0.99993	0.99995	0.99998	57.8738
0.02	0.02191	0.99972	0.99980	0.99992	28.9421
0.03	0.03286	0.99937	0.99955	0.99982	19.3005
0.04	0.04381	0.99888	0.99920	0.99968	14.4815
0.05	0.05476	0.99825	0.99875	0.99950	11.5914
0.06	0.06570	0.99748	0.99820	0.99928	9.6659
0.07	0.07664	0.99658	0.99755	0.99902	8.2915
0.08	0.08758	0.99553	0.99681	0.99872	7.2616
0.09	0.09851	0.99435	0.99596	0.99838	6.4613
0.10	0.10944	0.99303	0.99502	0.99800	5.8218
0.11	0.12035	0.99158	0.99398	0.99759	5.2992
0.12	0.13126	0.98998	0.99284	0.99713	4.8643
0.13	0.14217	0.98826	0.99160	0.99663	4.4969
0.14	0.15306	0.98640	0.99027	0.99610	4.1824
0.15	0.16395	0.98441	0.98884	0.99552	3.9103
0.16	0.17482	0.98228	0.98731	0.99491	3.6727
0.17	0.18569	0.98003	0.98569	0.99425	3.4635
0.18	0.19654	0.97765	0.98398	0.99356	3.2779

续附录 11

Ma	$w/w_临$	p/p_0	γ/γ_0 或 ρ/ρ_0	T/T_0	$F/F_临$
0.19	0.20739	0.97514	0.98218	0.99283	3.1123
0.20	0.21822	0.97250	0.98028	0.99206	2.9635
0.21	0.22904	0.96973	0.97829	0.99126	2.8293
0.22	0.23984	0.96685	0.97620	0.99041	2.7076
0.23	0.25063	0.96383	0.97403	0.98953	2.5968
0.24	0.26141	0.96070	0.97177	0.98861	2.4956
0.25	0.27217	0.95745	0.96942	0.98765	2.4027
0.26	0.28291	0.95408	0.96698	0.98666	2.3173
0.27	0.29364	0.95060	0.96446	0.98563	2.2385
0.28	0.30435	0.94700	0.96185	0.98456	2.1656
0.29	0.31504	0.94329	0.95916	0.98346	2.0979
0.30	0.32572	0.93947	0.95638	0.98232	2.0351
0.31	0.33637	0.93554	0.95352	0.98114	1.9765
0.32	0.34701	0.93150	0.95058	0.97993	1.9219
0.33	0.35762	0.92736	0.94756	0.97868	1.8707
0.34	0.36822	0.92312	0.94446	0.97740	1.8229
0.35	0.37879	0.91877	0.94128	0.97609	1.7780
0.36	0.38935	0.91433	0.93803	0.97473	1.7358
0.37	0.39988	0.90979	0.93470	0.97335	1.6961
0.38	0.41039	0.90516	0.93130	0.97193	1.6587
0.39	0.42087	0.90043	0.92782	0.97048	1.6234
0.40	0.43133	0.89561	0.92427	0.96899	1.5901
0.41	0.44177	0.89071	0.92066	0.96747	1.5587
0.42	0.45218	0.88572	0.91697	0.96592	1.5289
0.43	0.46257	0.88065	0.91322	0.96434	1.5007
0.44	0.47293	0.87550	0.90940	0.96272	1.4740
0.45	0.48326	0.87027	0.90551	0.96108	1.4487
0.46	0.49357	0.86496	0.90157	0.95940	1.4246
0.47	0.50385	0.85958	0.89756	0.95769	1.4018
0.48	0.51410	0.85413	0.89349	0.95595	1.3801
0.49	0.52433	0.84861	0.88936	0.95418	1.3595
0.50	0.53452	0.84302	0.88517	0.95238	1.3398

Ma	$w/w_临$	p/p_0	γ/γ_0 或 ρ/ρ_0	T/T_0	$F/F_临$
0.51	0.54469	0.83737	0.88093	0.95055	1.3212
0.52	0.55483	0.83165	0.87663	0.94869	1.3034
0.53	0.56493	0.82588	0.87228	0.94681	1.2865
0.54	0.57501	0.82005	0.86788	0.94489	1.2703
0.55	0.58506	0.81417	0.86342	0.94295	1.2549
0.56	0.59507	0.80823	0.85892	0.94098	1.2403
0.57	0.60505	0.80224	0.85437	0.93898	1.2263
0.58	0.61501	0.79621	0.84978	0.93696	1.2130
0.59	0.62492	0.79013	0.84514	0.93491	1.2003
0.60	0.63481	0.78400	0.84045	0.93284	1.1882
0.61	0.64466	0.77784	0.83573	0.93073	1.1767
0.62	0.65448	0.77164	0.83096	0.92861	1.1656
0.63	0.66427	0.76540	0.82616	0.92646	1.1552
0.64	0.67402	0.75913	0.82132	0.92428	1.1451
0.65	0.68374	0.75283	0.81644	0.92208	1.1356
0.66	0.69342	0.74650	0.81153	0.91986	1.1265
0.67	0.70307	0.74014	0.80659	0.91762	1.1179
0.68	0.71268	0.73376	0.80162	0.91535	1.1097
0.69	0.72225	0.72735	0.79661	0.91306	1.1018
0.70	0.73179	0.72093	0.79158	0.91075	1.0944
0.71	0.74129	0.71448	0.78652	0.90841	1.0873
0.72	0.75076	0.70803	0.78143	0.90606	1.0806
0.73	0.76019	0.70155	0.77632	0.90369	1.0742
0.74	0.76958	0.69507	0.77119	0.90129	1.0681
0.75	0.77894	0.68857	0.76604	0.89888	1.0624
0.76	0.78825	0.68207	0.76086	0.89644	1.0570
0.77	0.79753	0.67556	0.75567	0.89399	1.0519
0.78	0.80677	0.66905	0.75046	0.89152	1.0471
0.79	0.81597	0.66254	0.74523	0.88903	1.0425
0.80	0.82514	0.65602	0.73999	0.88652	1.0382
0.81	0.83426	0.64951	0.73474	0.88400	1.0342
0.82	0.84335	0.64300	0.72947	0.88146	1.0305

Ma	$w/w_临$	p/p_0	γ/γ_0 或 ρ/ρ_0	T/T_0	$F/F_临$
0.83	0.85239	0.63650	0.72419	0.87890	1.0270
0.84	0.86140	0.63000	0.71891	0.87633	1.0237
0.85	0.87037	0.62351	0.71361	0.87374	1.0207
0.86	0.87929	0.61703	0.70831	0.87114	1.0179
0.87	0.88818	0.61057	0.70300	0.86852	1.0153
0.88	0.89703	0.60412	0.69768	0.86589	1.0129
0.89	0.90583	0.59768	0.69236	0.86324	1.0108
0.90	0.91460	0.59126	0.68704	0.86059	1.0089
0.91	0.92332	0.58486	0.68172	0.85791	1.0071
0.92	0.93201	0.57848	0.67640	0.85523	1.0056
0.93	0.94065	0.57211	0.67108	0.85253	1.0043
0.94	0.94925	0.56578	0.66576	0.84982	1.0031
0.95	0.95781	0.55946	0.66044	0.84710	1.0021
0.96	0.96633	0.55317	0.65513	0.84437	1.0014
0.97	0.97481	0.54691	0.64982	0.84162	1.0008
0.98	0.98325	0.54067	0.64452	0.83887	1.0003
0.99	0.99165	0.53446	0.63923	0.83611	1.0001
1.00	1.00000	0.52828	0.63394	0.83333	1.0000
1.01	1.00831	0.52213	0.62866	0.83055	1.0001
1.02	1.01658	0.51602	0.62339	0.82776	1.0003
1.03	1.02481	0.50994	0.61813	0.82496	1.0007
1.04	1.03300	0.50389	0.61289	0.82215	1.0013
1.05	1.04114	0.49787	0.60765	0.81934	1.0020
1.06	1.04925	0.49189	0.60243	0.81651	1.0029
1.07	1.05731	0.48595	0.59722	0.81368	1.0039
1.08	1.06533	0.48005	0.59203	0.81085	1.0051
1.09	1.07331	0.47418	0.58686	0.80800	1.0064
1.10	1.08124	0.46835	0.58170	0.80515	1.0079
1.11	1.08913	0.46257	0.57655	0.80230	1.0095
1.12	1.09699	0.45682	0.57143	0.79944	1.0113
1.13	1.10479	0.45111	0.56632	0.79657	1.0132
1.14	1.11256	0.44545	0.56123	0.79370	1.0153

续附录11

Ma	$w/w_{临}$	p/p_0	γ/γ_0 或 ρ/ρ_0	T/T_0	$F/F_{临}$
1.15	1.12029	0.43983	0.55616	0.79083	1.0175
1.16	1.12797	0.43425	0.55112	0.78795	1.0198
1.17	1.13561	0.42872	0.54609	0.78506	1.0222
1.18	1.14321	0.42322	0.54108	0.78218	1.0248
1.19	1.15077	0.41778	0.53610	0.77929	1.0276
1.20	1.15828	0.41238	0.53114	0.77640	1.0304
1.21	1.16575	0.40702	0.52620	0.77350	1.0334
1.22	1.17319	0.40171	0.52129	0.77061	1.0366
1.23	1.18057	0.39645	0.51640	0.76771	1.0398
1.24	1.18792	0.39123	0.51154	0.76481	1.0432
1.25	1.19523	0.38606	0.50670	0.76190	1.0468
1.26	1.20249	0.38093	0.50189	0.75900	1.0504
1.27	1.20972	0.37586	0.49710	0.75610	1.0542
1.28	1.21690	0.37083	0.49234	0.75319	1.0581
1.29	1.22404	0.36585	0.48761	0.75029	1.0621
1.30	1.23114	0.36091	0.48290	0.74738	1.0663
1.31	1.23819	0.35603	0.47822	0.74448	1.0706
1.32	1.24521	0.35119	0.47357	0.74158	1.0750
1.33	1.25218	0.34640	0.46895	0.73867	1.0796
1.34	1.25912	0.34166	0.46436	0.73577	1.0842
1.35	1.26601	0.33697	0.45980	0.73287	1.0890
1.36	1.27286	0.33233	0.45526	0.72997	1.0940
1.37	1.27968	0.32773	0.45076	0.72707	1.0990
1.38	1.28645	0.32319	0.44628	0.72418	1.1042
1.39	1.29318	0.31869	0.44184	0.72128	1.1095
1.40	1.29987	0.31424	0.43742	0.71839	1.1149
1.41	1.30652	0.30984	0.43304	0.71550	1.1205
1.42	1.31313	0.30549	0.42869	0.71262	1.1262
1.43	1.31970	0.30118	0.42436	0.70973	1.1320
1.44	1.32623	0.29693	0.42007	0.70685	1.1379
1.45	1.33272	0.29272	0.41581	0.70398	1.1440
1.46	1.33917	0.28856	0.41158	0.70110	1.1501

Ma	$w/w_{临}$	p/p_0	γ/γ_0 或 ρ/ρ_0	T/T_0	$F/F_{临}$
1.47	1.34558	0.28445	0.40739	0.69824	1.1565
1.48	1.35195	0.28039	0.40322	0.69537	1.1629
1.49	1.35828	0.27637	0.39909	0.69251	1.1695
1.50	1.36458	0.27240	0.39498	0.68966	1.1762
1.51	1.37083	0.26848	0.39091	0.68680	1.1830
1.52	1.37705	0.26461	0.38688	0.68396	1.1899
1.53	1.38322	0.26078	0.38287	0.68112	1.1970
1.54	1.38936	0.25700	0.37890	0.67828	1.2042
1.55	1.39546	0.25326	0.37495	0.67545	1.2116
1.56	1.40152	0.24957	0.37105	0.67262	1.2190
1.57	1.40755	0.24593	0.36717	0.66980	1.2266
1.58	1.41353	0.24233	0.36332	0.66699	1.2344
1.59	1.41948	0.23878	0.35951	0.66418	1.2422
1.60	1.42539	0.23527	0.35573	0.66138	1.2502
1.61	1.43127	0.23181	0.35198	0.65858	1.2584
1.62	1.43710	0.22839	0.34827	0.65579	1.2666
1.63	1.44290	0.22501	0.34458	0.65301	1.2750
1.64	1.44866	0.22168	0.34093	0.65023	1.2836
1.65	1.45439	0.21839	0.33731	0.64746	1.2922
1.66	1.46008	0.21515	0.33372	0.64470	1.3010
1.67	1.46573	0.21195	0.33017	0.64194	1.3100
1.68	1.47135	0.20879	0.32664	0.63919	1.3190
1.69	1.47693	0.20567	0.32315	0.63645	1.3283
1.70	1.48247	0.20259	0.31969	0.63371	1.3376
1.71	1.48798	0.19956	0.31626	0.63099	1.3471
1.72	1.49345	0.19656	0.31287	0.62827	1.3567
1.73	1.49889	0.19361	0.30950	0.62556	1.3665
1.74	1.50429	0.19070	0.30617	0.62285	1.3764
1.75	1.50966	0.18782	0.30287	0.62016	1.3865
1.76	1.51499	0.18499	0.29959	0.61747	1.3967
1.77	1.52029	0.18219	0.29635	0.61479	1.4070
1.78	1.52555	0.17944	0.29315	0.61211	1.4175

Ma	$w/w_{临}$	p/p_0	γ/γ_0 或 ρ/ρ_0	T/T_0	$F/F_{临}$
1.79	1.53078	0.17672	0.28997	0.60945	1.4282
1.80	1.53598	0.17404	0.28682	0.60680	1.4390
1.81	1.54114	0.17140	0.28370	0.60415	1.4499
1.82	1.54626	0.16879	0.28061	0.60151	1.4610
1.83	1.55136	0.16622	0.27756	0.59888	1.4723
1.84	1.55642	0.16369	0.27453	0.59626	1.4836
1.85	1.56145	0.16119	0.27153	0.59365	1.4952
1.86	1.56644	0.15873	0.26857	0.59104	1.5069
1.87	1.57140	0.15631	0.26563	0.58845	1.5187
1.88	1.57633	0.15392	0.26272	0.58586	1.5308
1.89	1.58123	0.15156	0.25984	0.58329	1.5429
1.90	1.58609	0.14924	0.25699	0.58072	1.5553
1.91	1.59092	0.14695	0.25417	0.57816	1.5677
1.92	1.59572	0.14470	0.25138	0.57561	1.5804
1.93	1.60049	0.14247	0.24861	0.57307	1.5932
1.94	1.60523	0.14028	0.24588	0.57054	1.6062
1.95	1.60993	0.13813	0.24317	0.56802	1.6193
1.96	1.61460	0.13600	0.24049	0.56551	1.6326
1.97	1.61925	0.13390	0.23784	0.56301	1.6461
1.98	1.62386	0.13184	0.23521	0.56051	1.6597
1.99	1.62844	0.12981	0.23262	0.55803	1.6735
2.00	1.63299	0.12780	0.23005	0.55556	1.6875
2.01	1.63751	0.12583	0.22751	0.55309	1.7016
2.02	1.64201	0.12389	0.22499	0.55064	1.7160
2.03	1.64647	0.12197	0.22250	0.54819	1.7305
2.04	1.65090	0.12009	0.22004	0.54576	1.7451
2.05	1.65530	0.11823	0.21760	0.54333	1.7600
2.06	1.65967	0.11640	0.21519	0.54091	1.7750
2.07	1.66402	0.11460	0.21281	0.53851	1.7902
2.08	1.66833	0.11282	0.21045	0.53611	1.8056
2.09	1.67262	0.11107	0.20811	0.53373	1.8212
2.10	1.67687	0.10935	0.20580	0.53135	1.8369

Ma	$w/w_临$	p/p_0	γ/γ_0 或 ρ/ρ_0	T/T_0	$F/F_临$
2.11	1.68110	0.10766	0.20352	0.52898	1.8529
2.12	1.68530	0.10599	0.20126	0.52663	1.8690
2.13	1.68947	0.10434	0.19902	0.52428	1.8853
2.14	1.69362	0.10273	0.19681	0.52194	1.9018
2.15	1.69774	0.10113	0.19463	0.51962	1.9185
2.16	1.70183	0.09956	0.19247	0.51730	1.9354
2.17	1.70589	0.09802	0.19033	0.51499	1.9525
2.18	1.70992	0.09649	0.18821	0.51269	1.9698
2.19	1.71393	0.09500	0.18612	0.51041	1.9873
2.20	1.71791	0.09352	0.18405	0.50813	2.0050
2.21	1.72187	0.09207	0.18200	0.50586	2.0229
2.22	1.72579	0.09064	0.17998	0.50361	2.0409
2.23	1.72970	0.08923	0.17798	0.50136	2.0592
2.24	1.73357	0.08785	0.17600	0.49912	2.0777
2.25	1.73742	0.08648	0.17404	0.49689	2.0964
2.26	1.74125	0.08514	0.17211	0.49468	2.1153
2.27	1.74504	0.08382	0.17020	0.49247	2.1345
2.28	1.74882	0.08251	0.16830	0.49027	2.1538
2.29	1.75257	0.08123	0.16643	0.48809	2.1734
2.30	1.75629	0.07997	0.16458	0.48591	2.1931
2.31	1.75999	0.07873	0.16275	0.48374	2.2131
2.32	1.76366	0.07751	0.16095	0.48158	2.2333
2.33	1.76731	0.07631	0.15916	0.47944	2.2538
2.34	1.77093	0.07512	0.15739	0.47730	2.2744
2.35	1.77453	0.07396	0.15564	0.47517	2.2953
2.36	1.77811	0.07281	0.15391	0.47305	2.3164
2.37	1.78166	0.07168	0.15221	0.47095	2.3377
2.38	1.78519	0.07057	0.15052	0.46885	2.3593
2.39	1.78869	0.06948	0.14885	0.46676	2.3811
2.40	1.79218	0.06840	0.14720	0.46468	2.4031
2.41	1.79563	0.06734	0.14556	0.46262	2.4254
2.42	1.79907	0.06630	0.14395	0.46056	2.4479

Ma	$w/w_临$	p/p_0	γ/γ_0 或 ρ/ρ_0	T/T_0	$F/F_临$
2.43	1.80248	0.06527	0.14235	0.45851	2.4706
2.44	1.80587	0.06426	0.14078	0.45647	2.4936
2.45	1.80924	0.06327	0.13922	0.45444	2.5168
2.46	1.81258	0.06229	0.13768	0.45242	2.5403
2.47	1.81591	0.06133	0.13615	0.45041	2.5640
2.48	1.81921	0.06038	0.13465	0.44841	2.5880
2.49	1.82249	0.05945	0.13316	0.44642	2.6122
2.50	1.82574	0.05853	0.13169	0.44444	2.6367
2.51	1.82898	0.05762	0.13023	0.44247	2.6615
2.52	1.83219	0.05674	0.12879	0.44051	2.6865
2.53	1.83538	0.05586	0.12737	0.43856	2.7117
2.54	1.83855	0.05500	0.12597	0.43662	2.7372
2.55	1.84170	0.05415	0.12458	0.43469	2.7630
2.56	1.84483	0.05332	0.12321	0.43277	2.7891
2.57	1.84794	0.05250	0.12185	0.43085	2.8154
2.58	1.85103	0.05169	0.12051	0.42895	2.8420
2.59	1.85410	0.05090	0.11918	0.42705	2.8688
2.60	1.85714	0.05012	0.11787	0.42517	2.8960
2.61	1.86017	0.04935	0.11658	0.42329	2.9234
2.62	1.86318	0.04859	0.11530	0.42143	2.9511
2.63	1.86616	0.04784	0.11403	0.41957	2.9791
2.64	1.86913	0.04711-	0.11278	0.41772	3.0073
2.65	1.87208	0.04639	0.11154	0.41589	3.0359
2.66	1.87501	0.04568	0.11032	0.41406	3.0647
2.67	1.87792	0.04498	0.10911	0.41224	3.0938
2.68	1.88081	0.04429	0.10792	0.41043	3.1233
2.69	1.88368	0.04362	0.10674	0.40863	3.1530
2.70	1.88653	0.04295	0.10557	0.40683	3.1830
2.71	1.88936	0.04229	0.10442	0.40505	3.2133
2.72	1.89218	0.04165	0.10328	0.40328	3.2440
2.73	1.89497	0.04102	0.10215	0.40151	3.2749
2.74	1.89775	0.04039	0.10104	0.39976	3.3061

Ma	$w/w_{临}$	p/p_0	γ/γ_0 或 ρ/ρ_0	T/T_0	$F/F_{临}$
2.75	1.90051	0.03978	0.09994	0.39801	3.3377
2.76	1.90325	0.03917	0.09885	0.39627	3.3695
2.77	1.90598	0.03858	0.09778	0.39454	3.4017
2.78	1.90868	0.03799	0.09671	0.39282	3.4342
2.79	1.91137	0.03742	0.09566	0.39111	3.4670
2.80	1.91404	0.03685	0.09463	0.38941	3.5001
2.81	1.91669	0.03629	0.09360	0.38771	3.5336
2.82	1.91933	0.03574	0.09259	0.38603	3.5674
2.83	1.92195	0.03520	0.09158	0.38435	3.6015
2.84	1.92455	0.03467	0.09059	0.38268	3.6359
2.85	1.92714	0.03415	0.08962	0.38102	3.6707
2.86	1.92970	0.03363	0.08865	0.37937	3.7058
2.87	1.93225	0.03312	0.08769	0.37773	3.7413
2.88	1.93479	0.03263	0.08675	0.37610	3.7771
2.89	1.93731	0.03213	0.08581	0.37447	3.8133
2.90	1.93981	0.03165	0.08489	0.37286	3.8498
2.91	1.94230	0.03118	0.08398	0.37125	3.8866
2.92	1.94477	0.03071	0.08307	0.36965	3.9238
2.93	1.94722	0.03025	0.08218	0.36806	3.9614
2.94	1.94966	0.02980	0.08130	0.36647	3.9993
2.95	1.95208	0.02935	0.08043	0.36490	4.0376
2.96	1.95449	0.02891	0.07957	0.36333	4.0763
2.97	1.95688	0.02848	0.07872	0.36177	4.1153
2.98	1.95925	0.02805	0.07788	0.36022	4.1547
2.99	1.96162	0.02764	0.07705	0.35868	4.1944
3.00	1.96396	0.02722	0.07623	0.35714	4.2346
3.10	1.98661	0.02345	0.06852	0.34223	4.6573
3.20	2.00786	0.02023	0.06165	0.32808	5.1210
3.30	2.02781	0.01748	0.05554	0.31466	5.6286
3.40	2.04656	0.01512	0.05009	0.30193	6.1837
3.50	2.06419	0.01311	0.04523	0.28986	6.7896
3.60	2.08077	0.01138	0.04089	0.27840	7.4501

Ma	$w/w_{临}$	p/p_0	γ/γ_0 或 ρ/ρ_0	T/T_0	$F/F_{临}$
3.70	2.09639	0.00990	0.03702	0.26752	8.1691
3.80	2.11111	0.00863	0.03355	0.25720	8.9506
3.90	2.12499	0.00753	0.03044	0.24740	9.7990
4.00	2.13809	0.00659	0.02766	0.23810	10.7188
4.10	2.15046	0.00577	0.02516	0.22925	11.7147
4.20	2.16215	0.00506	0.02292	0.22085	12.7916
4.30	2.17321	0.00445	0.02090	0.21286	13.9549
4.40	2.18368	0.00392	0.01909	0.20525	15.2099
4.50	2.19360	0.00346	0.01745	0.19802	16.5622
4.60	2.20300	0.00305	0.01597	0.19113	18.0178
4.70	2.21192	0.00270	0.01464	0.18457	19.5828
4.80	2.22038	0.00239	0.01343	0.17832	21.2637
4.90	2.22842	0.00213	0.01233	0.17235	23.0671
5.00	2.23607	0.00189	0.01134	0.16667	25.0000
6.00	2.29528	0.00063	0.00519	0.12195	53.1798
7.00	2.33333	0.00024	0.00261	0.09259	104.1429
8.00	2.35907	0.00010	0.00141	0.07246	190.1094
9.00	2.37722	0.00005	0.00082	0.05814	327.1893
10.00	2.39046	0.00002	0.00049	0.04762	535.9375
∞	2.4495	0			∞